HYGIÈNE DE L'INSTITUTEUR

L'ÉCOLE
SANS FATIGUE

Suivi de la préparation rationnelle au certificat
d'études primaires

PAR

CH. VERMANT

ANCIEN ÉLÈVE DU COURS NORMAL DE L'OISE
ANCIEN INSTITUTEUR-TITULAIRE
MUNI DU CERTIFICAT D'APTITUDE PÉDAGOGIQUE

PREMIÈRE ÉDITION

PARIS
—
1892

L'ÉCOLE SANS FATIGUE

43
78

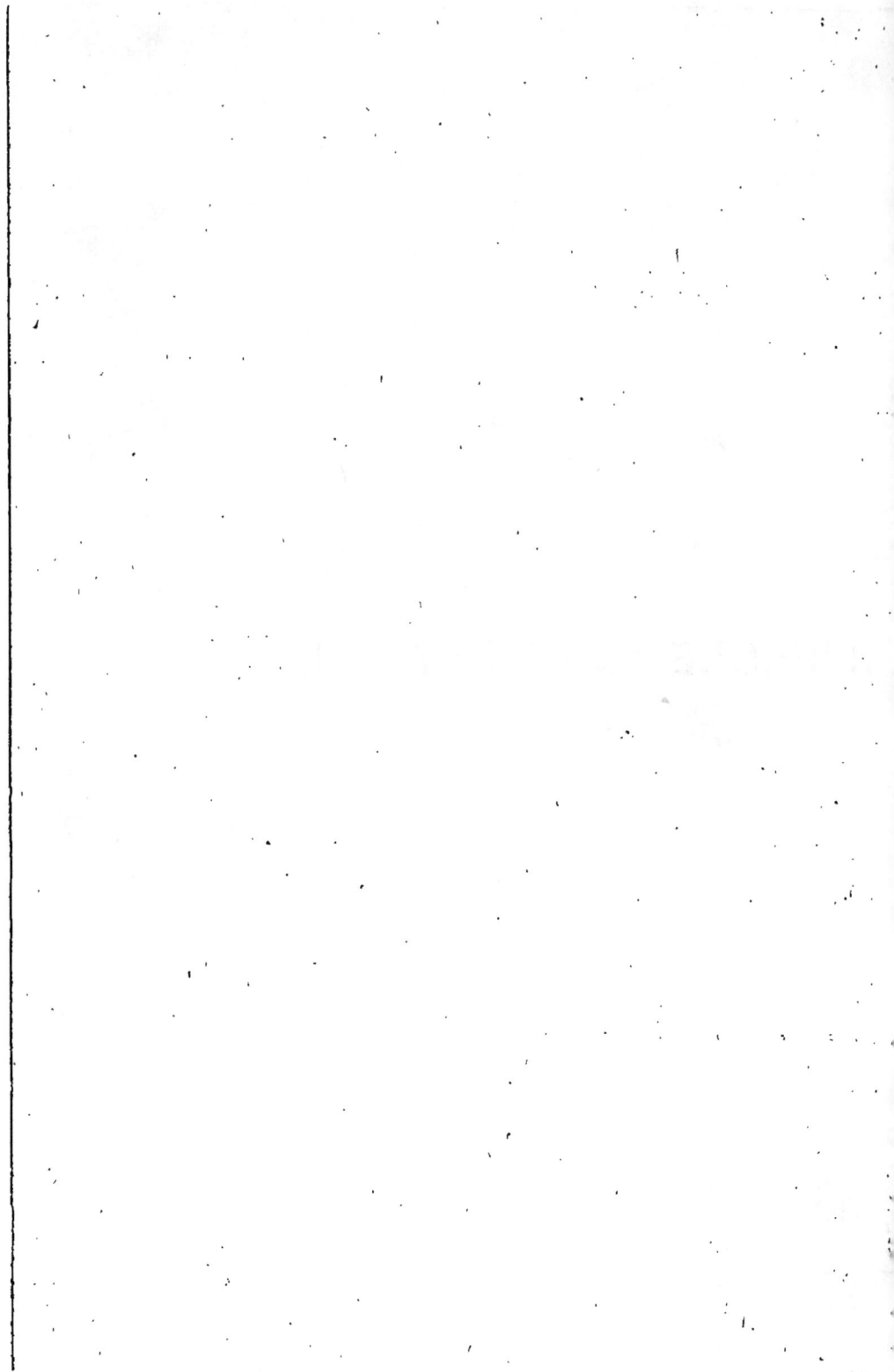

HYGIÈNE DE L'INSTITUTEUR

L'ÉCOLE
SANS FATIGUE

Suivi de la préparation rationnelle au certificat
d'études primaires

PAR

CH. VERMANT

ANCIEN ÉLÈVE DU COURS NORMAL DE L'OISE
ANCIEN INSTITUTEUR-TITULAIRE
MUNI DU CERTIFICAT D'APTITUDE PÉDAGOGIQUE

PREMIÈRE ÉDITION

PARIS
—
1892

L'ÉCOLE SANS FATIGUE

PRÉLIMINAIRES

> Nous jouissons de la santé sans l'apprécier, ce n'est que lorsque nous sommes malades que nous nous apercevons du bien que nous avons perdu !
>
> J.-J. ROUSSEAU.

Des documents statistiques, publiés récemment et reproduits par la plupart des journaux, établissent que chez les personnes de professions libérales, la moyenne de mortalité la plus considérable est fournie par les médecins et les professeurs.

Ces mêmes documents font remarquer que le chiffre de la mortalité chez les Instituteurs est sensiblement le même que chez les ouvriers de professions manuelles réputées comme les plus meurtrières, telles, par exemple, que celles : de verrier, d'étameur de glace par le mercure, de mineur, d'employé à la fabrication des allumettes ou à celles de certains produits chimiques, etc., etc.

De tels documents n'ont rien d'exagéré quand on réfléchit un instant aux déplorables conditions de salubrité et d'hygiène, dans lesquelles sont obligés de vivre les Instituteurs et les Institutrices.

Ne sont-ils pas contraints, par leur profession même, de passer la plus grande partie de leur existence dans une atmosphère contaminée par les exhalaisons de diverses natures produites par l'agglomération, dans un local exigu, de cinquante à soixante enfants plus ou moins propres et surtout plus ou moins sains.

Si l'on ajoute à cela la fatigue considérable que le continuel exercice de la parole cause au larynx, aux organes de la respiration et à l'estomac (les différentes maladies de l'estomac sont, pour ainsi dire, les maladies professionnelles de l'Instituteur et de l'Institutrice, sans préjudice des laryngites et autres affections de la gorge et des poumons), on ne s'étonne plus de cette effrayante mortalité.

Ou plutôt si une chose étonne, c'est qu'elle ne soit pas plus considérable encore, étant donné la grande somme de travail personnel que l'application des nouveaux programmes exige de l'Instituteur et de l'Institutrice.

C'est pour remédier, dans la mesure du possible, à un état de choses aussi lamentable que nous nous sommes décidé à publier le présent travail, dans l'espoir d'être utile à nos collègues et de les faire profiter du peu d'expérience spéciale que nous avons acquise trop souvent à nos dépens, hélas! dans une longue période d'enseignement primaire; ainsi que des conseils que nous avons sollicités de personnes les plus aptes à nous éclairer sur le sujet qui nous occupe.

Depuis le grand mouvement de réforme scolaire commencé il y a quelque dix ans, mouvement qui, à l'encontre de ce que l'on en espérait, a si peu amélioré la situation de l'Instituteur, les livres traitant de toutes les questions pédagogiques n'ont pas manqué, mais tous s'occupent exclusivement de l'école et des élèves, on en chercherait vainement un seul qui s'occupât des intérêts, de la santé, du bien-être de l'Instituteur et de l'Institutrice.

Un des buts que nous nous proposons est de combler cette lacune, en souhaitant d'être suivi par de nombreux imitateurs dans la voie

où nous nous engageons aujourd'hui le premier.

Nous devons prévenir nos lecteurs que
dans les pages qui vont suivre, nous nous
trouverons souvent en contradiction avec les
usages, les habitudes et les différentes manières de faire de telles ou telles régions, et
souvent aussi avec les divers règlements et
les dispositions officielles qui règlent à l'heure
actuelle l'enseignement dans les écoles primaires.

Si notre intention avait été de renchérir
encore sur l'état de chose établi par l'usage
et les règlements, si nous avions eu l'intention de faire un ouvrage de pédagogie *ortho-
doxe* (qu'on nous pardonne le mot) et d'ajouter un volume de plus au fatras des livres
pédagogiques bien pensants qui nous inon-
dent (inondation qui arrachait cette boutade
spirituelle à un Inspecteur général, homme
de bon sens : la Pédagogie tuera l'Enseignement), il aurait été inutile pour nous de prendre la plume.

Telle n'a pas été notre intention.

Les Instituteurs et les Institutrices se
plaignent, avec juste raison, de n'être jamais
consultés lors de l'élaboration des programmes.

et des règlements qui régissent leurs écoles ; ils leur reprochent à ces programmes et à ces règlements, d'être l'œuvre d'hommes compétents souvent, mais généralement plus versés dans la théorie que dans la pratique des choses de l'Enseignement. En un mot d'être l'œuvre de gens n'ayant jamais enseigné.

Le Conseil départemental de l'Instruction primaire, les conférences pédagogiques cantonales, ont entr'ouvert aux Instituteurs et aux Institutrices, une porte par laquelle ils peuvent, dans une certaine mesure, faire passer leurs justes revendications.

Nous sommes certains qu'ils trouveront dans le présent ouvrage, outre des conseils d'hygiène pratique et des directions très simples pour faire la classe sans fatigue, une foule de propositions utiles sur le programme, l'emploi du temps, les punitions, la question si délicate des châtiments corporels, etc.; propositions qu'ils pourront formuler dans leurs conférences pédagogiques et y faire adopter.

N'atteindrions-nous que ce résultat, que nous nous déclarerions satisfait et amplement payé de nos peines !

1.

Pour la commodité de nos lecteurs, le sujet a été divisé en quatre parties :

1° L'hygiène de l'école ;

2° L'hygiène de l'Instituteur ;

3° L'École sans fatigue ;

4° De la préparation rationnelle au certificat d'études primaires.

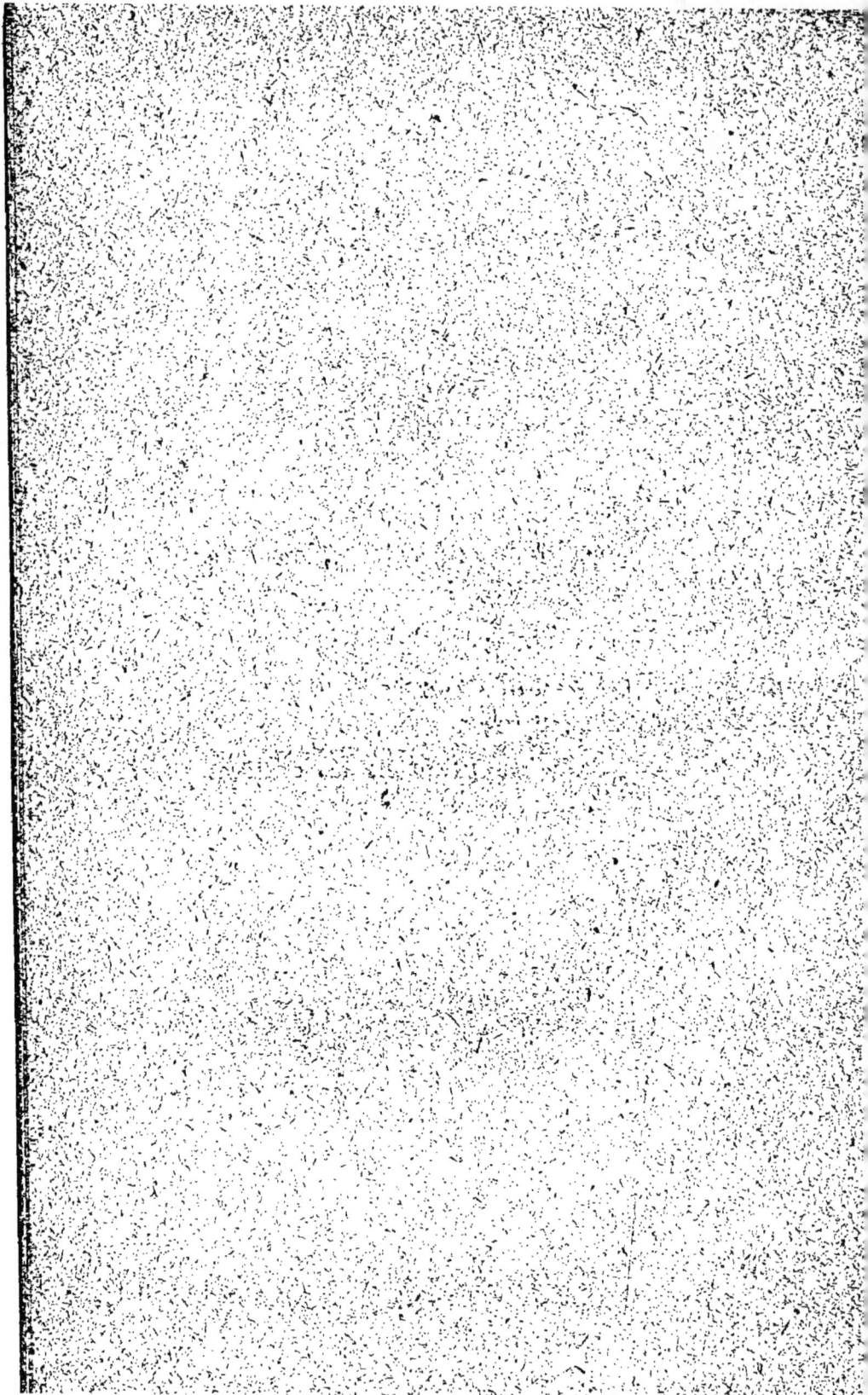

PREMIÈRE PARTIE

Hygiène de l'École

> Ne gardez rien de malpropre
> ni sur vous, ni chez vous, ni
> auprès de chez vous.
>
> Pierre LALOI.

A la suite du grand mouvement de réforme de l'Enseignement primaire commencé il y a quelques années, des écoles neuves, belles comme des châteaux, ont été construites sur tous les points du territoire.

Les écoles sans lumière, sans capacité suffisante, ont presque disparues. Si un Instituteur était condamné à faire la classe dans un local insuffisant, à quelque point de vue que ce soit, nous lui conseillerions de ne pas y rester un instant et de demander immédiatement son changement.

Mais à l'heure actuelle, à part des exceptions de plus en plus rares, toutes les villes et tous les villages, de la plus importante jusqu'au moins peuplé, sont pourvus de locaux scolaires remplissant les meilleures conditions d'hygiène et de salubrité possibles. Le point capital, pour l'Instituteur, est de les maintenir dans ces bonnes conditions.

La première condition de salubrité pour une classe réside dans une suffisante aération.

Malheureusement cela est peu commode. Il est toujours facile d'ouvrir les fenêtres le matin, à midi et le soir, ainsi que pendant les récréations. Mais dix minutes après la rentrée des élèves, les exigences du climat obligeant, pendant presque toute l'année, de fermer les fenêtres, l'air est déjà souillé. Toutes les personnes qui ont pénétré dans une école pendant la durée d'une classe, connaissent l'odeur *sui generis* produite par l'agglomération des enfants, odeur qui persiste en dehors des heures de classe quelle que soit l'aération du local.

L'idéal serait, par n'importe quelle saison de l'année, de faire la classe avec une partie des fenêtres ouvertes, pour cela il suffirait simplement d'augmenter le chauffage, comme on le fait dans certains établissements où l'on soigne les tuberculeux en les exposant constamment au grand air. Les diverses salles dans lesquelles se trouvent les malades : dortoirs, réfectoires, etc., ont toujours une partie de leurs fenêtres ouvertes, on maintient la température de ces locaux à un degré convenable en surchauffant les calorifères.

Mais une telle manière de procéder, malgré tout ce qu'elle peut avoir d'avantageux pour la bonne hygiène de l'Instituteur et de ses élèves, est peu réalisable, car la majorité des communes reculeraient devant l'augmentation de dépense de chauffage.

La cause principale de l'insalubrité du local scolaire provenant donc de l'impossibilité de l'aérer suffisamment, il vous faut remédier, dans la mesure du possible, à cet inconvénient grave en maintenant la classe et les élèves dans un état de propreté constant, scrupuleux et minutieux.

Un article spécial du règlement des écoles primaires exige que la classe soit lessivée et blanchie à la chaux chaque année.

Dans la grande majorité des communes, cet article du règlement reste lettre morte. Des crédits spéciaux sont portés au budget régulièrement tous les ans et non moins régulièrement dépensés ailleurs.

Et la classe reste en l'état. La peinture s'écaillant, le plafond noirci par la fumée du poêle, les murs maculés et salis par les mains des enfants.

On exige de vous, avec juste raison, le strict
accomplissement de vos devoirs professionnels,
par contre on vous parle peu de vos droits. Fai-
tes-les valoir. On vous laisse dans un local malpropre et insalubre; réclamez auprès de la municipalité, réclamez auprès de votre inspecteur et
si, en fin de compte, vous n'obtenez pas gain de
cause, faites la besogne vous-même, car après
tout il y va de votre santé.

Sacrifiez une journée de vos vacances au nettoyage de votre école.

Pour blanchir les murs et les plafonds, faites
éteindre cinq ou six morceaux de chaux dans un
baquet de moyenne dimension rempli d'eau, et
avec cette détrempe badigeonnez hardiment
murs et plafond, en ayant soin de n'en pas laisser tomber dans vos yeux.

Evitez, dans la préparation de votre lait de
chaux de tomber dans un préjugé très répandu
dans tout le nord de la France, préjugé qui consiste
à éteindre la chaux dans de l'urine, sous prétexte de rendre la peinture plus adhérente, ce
qui est faux, car outre ce qu'une telle mixture a
de malpropre et de malsain, les murs qui en ont
été badigeonnés conservent longtemps après l'o-
pération une odeur infecte.

Après avoir blanchi à la chaux les murs et le
plafond, vous lessiverez les tables, les portes,
les fenêtres, le parquet, et les parties de mur

peintes à l'huile, avec une forte lessive que vous obtiendrez en faisant bouillir du carbonate de potasse dans la proportion de deux kilogrammes pour huit à dix litres d'eau.

Sous prétexte d'enseignement par les yeux on a couvert les murs des classes, de cartes, de tableaux, d'images, etc., qui sont de véritables nids à microbes (on a abusé du microbe depuis quelques années, on l'a mis partout, malheureusement on n'a pas eu besoin de le mettre dans les écoles, il y était déjà). Certains inspecteurs primaires renchérissent encore en engageant les Instituteurs à suspendre le long des murailles de leurs travaux personnels ; dessins, cartes, etc., ou les meilleurs devoirs de leurs élèves ; ces différents objets sont autant d'obstacles à la propreté parfaite de la classe. N'ayez dans l'école que le strict nécessaire. Défaites-vous de ces cartes immenses, d'un maniement et d'un nettoyage difficiles, remplacez-les par des cartes nouvelles de petites dimensions, qui s'épousettent facilement et que l'on range après la leçon dans un meuble *ad hoc*.

La classe idéale à notre sens, serait celle dont les murs parfaitement nus, n'offriraient au regard que l'indispensable tableau noir : vous objecterez le fameux enseignement par les yeux. Tous ceux qui ont quelque pratique de l'enseignement savent fort bien que l'enfant regarde

mais ne voit pas. Il ne regarde et ne voit bien, au cours d'une leçon, qu'autant qu'on attire son attention sur l'objet qu'on veut lui montrer.

Si dans votre école vous avez un musée scolaire (le préjugé de ces sortes de choses tend heureusement à disparaître) veillez à ce que les divers produits qui le composent soient renfermés dans un meuble hermétiquement clos et dont vous aurez la clé. Car il est probable que votre musée? comprend des marinades dans de l'alcool de reptiles et d'insectes; des petits mammifères et des oiseaux empaillés et conservés avec des substances toxiques au premier chef. C'est assez dire combien le maniement de ces *curiosités* est malsain et dangereux. Si la chose vous est possible, reléguez ce meuble inutile dans le vestibule ou le préau de l'école; ne le laissez dans la classe que lorsque vous ne pourrez pas faire autrement.

Débarrassez-vous des vieux cahiers, des vieux registres, des livres hors d'usage qui traînent généralement sur une planche dans un coin de la classe. Mettez au grenier les registres que vous voulez conserver; brûlez le reste.

Nous avons entendu des inspecteurs conseiller de mettre des fleurs dans la classe afin de l'orner et d'en rendre le séjour agréable au maître et aux élèves. L'idée est aimable en soi. Nous ne voyons pas d'inconvénients à son application, pourvu, toutefois, que les fleurs n'incommodent pas les enfants par leur odeur, et que par leur quantité, elles ne transforment pas l'école en un établissement horticole.

Évitez aussi de faire de la classe une annexe du grenier ou de la cave, comme cela a lieu trop souvent à la campagne, en y déposant des bouteilles, des pommes de terre, des carottes, etc. N'avons-nous pas vu, un jour, une pièce de vin ou de cidre, en chantier dans une salle de classe, cela devait être tentant pour les élèves.

Ne laissez sous aucun prétexte, comme cela a lieu journellement, même dans les villes, les enfants se débarrasser dans la classe de leur casquette et de leurs vêtements superflus, ni y déposer les paniers contenant le repas de ceux qui déjeunent à midi à l'école. Mettez ces objets dans le vestibule ou dans le préau s'il y en a un.

Que la classe soit balayée soigneusement tous les jours. Surveillez les élèves chargés de ce service, qu'ils accomplissent toujours mal. Veillez à ce qu'ils arrosent légèrement, juste assez pour que la poussière ne vole pas, et pas trop, pour qu'elle ne s'attache pas au parquet.

De temps à autre, le jeudi ou le dimanche, fermez hermétiquement la salle de classe et faites-y des fumigations en y brûlant du soufre, du goudron, des baies de genièvre. Répété assez souvent, cela suffit pour faire disparaître l'odeur

fade, commune à tous les endroits où un certain
nombre de personnes vivent habituellement.

Tenez la main à ce que la cour et les environs
de l'école soient balayés et ne contiennent rien
qui puisse incommoder les enfants ou être nuisi-
ble à leur santé.

Que les cabinets d'aisance soient minutieuse-
ment lavés tous les jours. Pendant les grandes
chaleurs, désinfectez-les, ainsi que le fumier, avec
de la chaux éteinte ou bien encore avec du
sulfate de fer (vitriol vert) dissous dans l'eau.

Il ne suffit pas que la classe soit propre, il
faut que vos élèves le soient aussi et d'une propreté méticuleuse, leur santé et surtout la vôtre
en dépendent. Usez sans crainte de tous les
droits que les règlements vous confèrent à cet
égard.

Exigez qu'ils se présentent en classe, le visage,
les mains et le corps lavés, les habits brossés et
convenablement raccommodés, les souliers cirés.

Qu'ils aient les cheveux courts pour les garçons,
et pour les filles, qu'elles soient toujours scrupuleusement peignées. Encore une fois exigez
toutes ces choses avec fermeté. Pour tout ce qui
concerne le reste de la classe vous pouvez user
d'indulgence suivant le cas; mais pour ce qui
concerne la propreté, soyez impitoyable.

Aussitôt qu'un enfant est atteint d'une af-
fection qui peut être dangereuse pour ses con-

disciples, refusez-lui l'entrée de l'école; et en cas
de mauvaise volonté de la part des parents, réfé-
rez-en au médecin-inspecteur de l'école.

Lorsqu'une épidémie infantile se déclare dans
le ressort de votre école, faites-là licencier rapidement par les autorités compétentes, même si
les cas sont peu nombreux, car vous risqueriez
de faire de la classe un foyer d'infection et il y va
de votre santé, de la santé des enfants qui vous
sont confiés et surtout de celle de vos propres
enfants si vous êtes père de famille.

DEUXIÈME PARTIE

Hygiène de l'Instituteur

> Nous courons après tous les
> biens sans nous soucier du plus
> précieux : la santé !
>
> J.-J. ROUSSEAU.

Dans cette partie nous ne nous occuperons pas
des règles générales de l'hygiène ; telles que
celles ayant trait à la propreté, à la sobriété, au
choix d'une habitation saine, etc., etc., règles
que chacun doit suivre s'il veut conserver sa
santé, ou la recouvrer, s'il a eu le malheur de la
perdre. Toutes ces prescriptions sont connues
des personnes ayant quelque instruction.

Nous ne nous occuperons que de l'hygiène de
l'Instituteur et de l'Institutrice, relativement à
leur profession.

Il est évident qu'à côté des prescriptions générales de l'hygiène, chacun doit en suivre de particulières, relatives à la profession qu'il exerce et au genre de vie qu'il mène. C'est ce que l'on pourrait appeler l'hygiène professionnelle.

Les personnes de professions manuelles, chez qui la dépense est toute musculaire, tandis que la déperdition nerveuse est presque nulle, ne doivent pas suivre les mêmes règles d'hygiène que les personnes de professions libérales, chez qui la fatigue est surtout nerveuse, alors que la dépense musculaire est presque insensible.

La profession d'Instituteur appartenant à cette dernière catégorie, l'hygiène personnelle de l'Instituteur et de l'Institutrice aura donc pour but de diminuer le plus possible la fatigue nerveuse, inhérente à leur pénible profession, et comme il est impossible de la supprimer complètement, de contrebalancer ses effets désastreux par beaucoup de réactions physiques.

L'Instituteur (et tout ce que nous allons dire par la suite s'applique aussi bien à l'Institutrice) devra se lever de bonne heure, vers cinq heures et demie par exemple.

Aussitôt levé le tub. Cet usage d'origine anglaise ne saurait trop être recommandé aux Instituteurs. Une bassine de zinc contenant un seau d'eau froide, quelle que soit la saison, une grosse éponge avec laquelle on s'asperge tout le corps;

et vous voilà frais et dispos pour toute la journée.

Comme premier déjeûner, des œufs, du lait pur autant que possible, bouilli ou non, s'abstenir du chocolat qui, malgré ses grandes qualités nutritives, a l'inconvénient grave d'être échauffant.

(En principe la liberté du ventre est de première nécessité dans la profession d'Instituteur, ce dernier ne doit pas perdre de vue que quinze jours de constipation fatiguent plus que six mois de classe. C'est assez dire combien l'Instituteur, aux moindres symptômes significatifs, doit s'empresser de réagir par tous les moyens que l'art médical met à sa disposition.)

Il devra s'abstenir également de café au lait. C'est un mélange débilitant et d'une digestion difficile, à cause de la grande quantité d'eau qu'il contient.

Nous savons que dans certaines régions de la France, l'usage du café au lait est très répandu. Les Instituteurs pour qui cet usage du café au lait le matin est devenu une habitude dont ils auraient peine à se défaire, peuvent remplacer le café dans le lait par de l'extrait de café, extrait que toutes les ménagères savent préparer en faisant bouillir une certaine quantité de café dans très peu d'eau. On atténue ainsi une partie des mauvais effets du café au lait.

Sous aucun prétexte il ne faut faire la classe à jeun.

Dans les villes une grande quantité d'Instituteurs et d'Institutrices, surtout parmi les débutants et les débutantes, ne prennent rien le matin avant la classe. C'est là une habitude déplorable. (Nous savons hélas! que beaucoup agissent ainsi par raison d'économie et nous les en plaignons que davantage).

Il n'y a rien de plus fatigant que de faire la classe à jeun ; cela ne se sent pas trop quand on est jeune et que l'organisme répare ses pertes lui-même. On n'ouvre les yeux que vers la trentième année, lorsque les premières crampes d'estomac viennent vous donner un avertissement qui arrive souvent trop tard.

Dans l'intervalle qui sépare le lever de l'heure de l'entrée en classe, c'est le moment pour l'Instituteur chargé du secrétariat de la mairie, de faire le travail d'écriture nécessité par cet emploi, à moins, bien entendu, qu'il n'y consacre une partie du temps de la classe, comme cela a lieu assez généralement ; pour l'Institutrice c'est l'instant de vaquer aux soins de son ménage.

Ne faites pas du repas de midi le principal repas de la journée, comme cela a lieu habituellement. La digestion d'un repas copieux est toujours laborieuse, elle serait rendue plus laborieuse encore par le travail de la classe.

Donc à ce deuxième déjeûner, mangez sobrement. Comme il s'agit de réparer une fatigue nerveuse, mangez des viandes grillées ou rôties de préférence aux viandes bouillies ou fricassées. Usez peu des légumes féculents, pois, haricots, fèves, lentilles, pommes de terre ; et si vous en mangez, que ce soit en purée.

Abstenez-vous complètement du chou.

Par contre usez à volonté des épinards, des topinambours, des asperges, des artichauts, des raves, etc. ; en un mot de tous les légumes non féculents et de toutes espèces de salades. Peu de fruits crus, excepté du raisin, et peu de fromage. Fruits cuits à volonté.

Buvez sobrement du vin naturel ? largement trempé d'eau ou de la bière de bonne qualité. Ne buvez jamais de cidre, c'est une boisson indigeste et débilitante. Au moindre malaise venant de l'estomac, mettez-vous au lait immédiatement. Ce sera pour vous le moyen de prévenir bien des complications. Ne prenez jamais de café noir, surtout les jours de classe, car il surexcite le système nerveux, qui n'a pas besoin d'être surexcité, la classe étant là qui se chargera amplement de cette besogne.

Si vous avez l'habitude du café après le repas et que vous ne parveniez pas à vous en défaire, prenez-le très léger ou n'en prenez que le jeudi ou le dimanche.

Peu d'alcool, naturellement; l'usage en est d'autant plus dangereux pour l'Instituteur, qu'il agit sur le système nerveux d'une façon qui, à la longue, peut devenir funeste.

Vous devez vous défier des boissons fermentées.

Alors que les gens du peuple et les ouvriers se contentent d'abuser du vin ou de mauvaises eaux-de-vie, les gens de professions intellectuelles vont tout de suite aux liqueurs les plus alcooliques, à l'absinthe pour n'en citer qu'une. Il est inutile pour nous, du reste, d'insister sur ce danger spécial, car la sobriété est une des vertus par laquelle s'honore spécialement la corporation des Instituteurs et des *Institutrices*.

Organisez-vous de manière à avoir terminé votre déjeuner une demi-heure avant le commencement de la classe et employez ce temps de répit à la marche ou aux soins à donner à votre jardin, si vous en avez un. Faites de la réaction physique.

Comme votre digestion ne sera pas complètement terminée quand l'heure sera venue de recommencer la classe, et comme tout travail intellectuel, et surtout le travail de l'école, est véritablement pénible et fatigant pendant la digestion, ne commencez votre classe, quoiqu'en disent le règlement ou l'emploi du temps, que par une leçon de repos : lecture ou écriture.

Cela est de toute nécessité.

Evitez les leçons orales trop longues, ne parlez jamais plus de vingt minutes de suite. Evitez également de parler sur un ton trop élevé et surtout de crier.

Après la classe du soir faites une longue promenade avant le repas du soir. Le dîner pourra être plus copieux que le repas de midi, mais il devra se composer toujours des mêmes éléments.

Ne vous couchez pas trop tard, jamais après dix heures. Ne veillez jamais, à moins que vous n'y soyez forcé par un travail pressant. Si votre digestion n'était pas terminée complètement au moment où vous vous coucherez, soyez sans inquiétude à cet égard, elle s'achèvera tranquillement pendant votre sommeil et ne produira que de bons résultats, soyez-en persuadé.

Vous avez deux jours de congé par semaine : le jeudi et le dimanche, ce n'est assurément pas trop.

Pendant ces deux jours ne soyez pas Instituteur. Oubliez le plus que vous pourrez les soucis et les ennuis de votre école. Ce sont jours de repos. Profitez-en. Dépouillez le pédagogue. Soyez comme tout le monde. Que les gens d'esprit, qui ne vous connaissent pas et avec qui vous pourrez vous trouver à l'église, au café ou simplement dans la rue, ne disent pas, avec le ton que vous savez, en vous entendant causer ou en voyant votre allure : Ça c'est un maître d'école.

Employez-les, ces deux jours de congé, à faire de longues excursions autour de votre village ou de votre ville, ou encore à cultiver votre jardin. Encore une fois, faites de la réaction physique qui vienne contrebalancer dans la plus large mesure possible les effets de la grande fatigue nerveuse que vous devez à l'exercice de votre dure profession. Respirez le grand air et rétablissez le libre jeu de vos poumons atrophiés par l'atmosphère impure de la classe.

Néanmoins vous ne tireriez qu'un mince profit de l'application des quelques principes d'hygiène spéciale, que nous venons de formuler le plus simplement possible, si vous vous fatiguiez outre mesure dans votre école.

Pour vous éviter de vous heurter à cet écueil, nous allons nous efforcer, et c'est là notre but principal, de vous donner dans la troisième partie de ce livre, des directions simples et pratiques qui vous permettront de faire : La classe sans fatigue.

L'École sans fatigue

> C'est dans l'esprit des nouveaux programmes scolaires, de faire beaucoup travailler l'Instituteur tout en ménageant l'écolier.
>
> Ne vaudrait-il pas mieux faire travailler davantage l'élève et ne pas abuser des forces du maître.
>
> *Conférence pédagogique du 5 mars 1892, à D...*
>
> L'Auteur.

I

De la discipline. — Des châtiments et des récompenses.

La première chose que l'Instituteur doit obtenir dans sa classe s'il veut la faire sans fatigue, c'est une forte et sévère discipline.

S'il n'est pas capable par son seul ascendant moral, sans récompenses ni punitions d'aucunes sortes, d'obtenir sur un signe, un geste, une parole : l'ordre, le silence et l'attention, c'est qu'il n'est pas mûr pour l'enseignement et nous n'avons qu'un conseil à lui donner, celui d'abandonner cette rude carrière au plus vite.

En effet, il n'est rien de plus lamentable, à notre sens, qu'une classe comme on en rencontre encore que trop souvent malheureusement, dans laquelle l'Instituteur, sans autorité, sans prestige, incapable de se faire obéir, crie, tempête, s'époumonne au milieu du trouble, du brouhaha, des interpellations de l'un ou de l'autre des élèves. Une telle classe n'est peut-être pas l'enfer, mais c'est un bien rude purgatoire.

Nous disons que l'Instituteur doit obtenir la discipline par son seul ascendant moral, car s'il compte pour obtenir un résultat satisfaisant sur les moyens disciplinaires officiels mis à sa disposition par l'administration supérieure, ou s'il se laisse guider par les divagations des manuels pédagogiques traitant de la matière, il fait absolument fausse route.

L'article 19 du Règlement officiel des écoles primaires énumère ainsi les seules punitions dont l'Instituteur ait le droit de faire usage dans sa classe.

« Article 19. — Les seules punitions dont l'Instituteur puisse faire usage, sont :

« Les mauvais points ;

« La réprimande ;

« La privation partielle de la récréation ;

« La retenue après la classe, sous la surveillance de l'Instituteur ;

« L'exclusion temporaire. »

Nous allons examiner ensemble combien ces divers moyens disciplinaires sont peu effectifs ; combien ils désarment l'Instituteur et le ridiculisent aux yeux des mauvais élèves qui savent très bien que toutes les menaces qu'on pourra leur faire seront suivies d'une punition dérisoire.

Une classe se compose généralement, quel que soit le nombre des élèves qui la fréquentent, à la ville comme à la campagne, d'un tiers d'enfants intelligents, ayant le goût de l'école, travaillant avec courage, remplis d'émulation, aimant leur maître et cherchant par tous les moyens en leur pouvoir à le satisfaire et à lui faire plaisir ;

Le second tiers comprend les enfants ayant les mêmes qualités à un degré moindre, mais néanmoins remplis de bonne volonté ;

Et enfin, et c'est là que gît le lièvre, le reste se compose d'enfants paresseux, peu intelligents ou tout simplement rebelles.

C'est sur ceux-là que doivent agir les moyens disciplinaires officiels.

Voyons les effets qu'ils produisent sur ces êtres d'élection.

Les mauvais points ?

Leur carnet de notes en est rempli.

La privation partielle de la récréation ?

Comme le maître ne peut pas être à la fois dans la cour de récréation et dans la classe, ils

2.

profitent de son absence pour commettre mille tours désagréables.

La retenue après la classe ?

(Le plus détestable de tous les moyens disciplinaires, parce qu'il punit le maître autant sinon plus que l'écolier).

Les élèves qui y sont soumis et qui sont toujours les mêmes, à de rares exceptions, la voient arriver avec plaisir, car elle leur fournit l'occasion d'imposer à leur Instituteur une heure d'ennui et de travail supplémentaire.

(Les Instituteurs et les Institutrices devraient être unanimes à demander, dans leurs conférences pédagogiques, la suppression de la retenue après les heures de classe ; car elle n'est pas, à proprement parler, une punition pour les mauvais élèves qui la subissent, et elle est pour l'Instituteur, l'occasion d'un supplément de peines et de fatigues qui profitent aux enfants les moins dignes d'une telle faveur !

Certains directeurs d'écoles, peu pédagogues, mais hommes de bon sens (l'antithèse s'impose d'elle-même) ont radicalement supprimé la retenue après les heures de classe ; et nous n'avons pas vu que la discipline était moins bonne et les succès inférieurs dans leurs écoles en comparaison avec les écoles qui suivent les anciens errements).

Reste l'expulsion temporaire du sujet trop récalcitrant ?

Le seul de tous les moyens disciplinaires administratifs qui aurait une certaine efficacité. Seulement dans la crainte de mécontenter les parents! la municipalité!! de provoquer l'entrée de l'enfant dans une école libre!!! on ne l'applique jamais. Et certainement, dans les soixante mille écoles primaires à l'usage des enfants des deux sexes qui couvrent la surface du territoire, l'expulsion temporaire n'est pas appliquée dix fois dans le courant d'une année scolaire.

Voilà ce que valent les punitions tolérées par les règlements.

Quant aux directions des manuels pédagogiques il est inutile de nous y arrêter, car on en trouverait difficilement une valant la peine d'une discussion.

DES RÉCOMPENSES

Restent les récompenses et l'influence qu'elles peuvent avoir sur la discipline de la classe. On peut avancer, *a priori*, que cette influence est complètement nulle.

Les bonnes notes, bons points, billets de satisfaction, croix d'honneur, etc., sont toujours mérités et obtenus par les mêmes élèves, les bons, ceux du premier et du second tiers. Elles sont sans efficacité sur les aimables chenapans qui composent la queue de la classe, ils s'en

soucient du reste comme un poisson d'une
pomme. Il y a aussi les prix distribués solennelle-
ment à la fin de l'année scolaire. Vous savez
tous par expérience les inconvénients multiples
qu'offrent ces distributions, avec l'obligation
qu'elles comportent de récompenser tous les
élèves bons ou mauvais en tenant compte non du
mérite de chaque enfant, mais de la situation
personnelle de ses parents dans la commune, le
tout afin de ne pas mécontenter les familles
et d'éviter les ennuis.

Il faut ajouter que cet usage des distributions
de prix solennelles est peu répandu, dans la
plupart des communes la municipalité recule devant les dépenses à faire pour l'achat des livres,
et nous engageons l'Instituteur à n'en jamais
acheter sur ses propres deniers.

Nous nous croirions coupables et nous man-
querions à l'un des buts que nous nous sommes
proposés, si nous engagions l'Instituteur à faire la
moindre dépense pour son école et à grever ainsi
son modeste budget même de la somme la plus
minime ; car ses intérêts pécuniaires nous sont
aussi sacrés que les autres.

Vous voyez par tout ce qui précède l'inanité des
punitions et des récompenses officielles au point
de vue de l'influence qu'elles peuvent avoir sur la
discipline de l'école. C'est donc à vous d'établir
votre ascendant moral dans votre classe en usant

de moyens disciplinaires effectifs et réels. Ce
sont ces moyens que nous allons exposer dans le
chapitre qui va suivre.

II

Des moyens disciplinaires réels.
Des châtiments corporels.

Parmi les moyens disciplinaires que l'administration met aux mains de l'Instituteur, nous avons vu que l'expulsion temporaire de l'école est le seul qui soit d'une certaine efficacité. On n'ose pas en user. Usez-en sans crainte. Lorsque vous aurez à l'appliquer à un élève récalcitrant, entourez-vous des précautions prévues par le règlement, prévenez la famille de l'enfant, prévenez le maire de la commune et votre inspecteur primaire. Le sujet vous revient-il avec des dispositions mauvaises, attendez l'occasion propice et renouvelez la punition. Si les parents se fâchent et vous l'enlève pour le mettre dans une école rivale, n'en ayez cure, ce sera tout profit pour votre discipline.

La perte d'une brebis galeuse assainit le troupeau.

Lorsqu'un élève méritera un devoir supplémentaire, lorsqu'il n'aura pas su une leçon, exigez que le devoir soit recopié et que la leçon non sue soit apprise dans la famille. Vous éviterez ainsi la retenue après les heures de classe.

Nous arrivons aux moyens disciplinaires véritablement effectifs, nous voulons parler des châtiments corporels.

L'article 20 du Règlement des écoles primaires est formel :

« Il est absolument interdit d'infliger aucun châtiment corporel. »

D'un autre côté (nous en appelons ici à la bonne foi de tous les Instituteurs, de toutes les Institutrices et de tous les Inspecteurs primaires qui à un moment donné de leur carrière ont dirigé une école), il est absolument impossible de faire la classe sans user des châtiments corporels, au moins dans certains cas et vis-à-vis de certains élèves. Et nous irons plus loin, nous affirmons sans craindre un seul démenti, qu'à l'heure présente et en dépit des prohibitions du règlement, la presque totalité des Instituteurs et des Institutrices usent peu ou prou des châtiments corporels et qu'ils veuillent bien être persuadés que nous ne les en blâmons pas. Bien au contraire.

D'un autre côté nous savons tout ce qui a été dit par les personnes qui se sont occupées du sujet que nous traitons ; toutes sont unanimes à protester contre l'emploi des châtiments corporels et à nier leur réelle efficacité disciplinaire.

Les oreilles nous bourdonnent encore des sentimentalités bébêtes que nous sommes las d'en-

tendre rabâcher sur la matière. Abuser de sa
force physique.... Frapper un être faible.... Ra-
valer la dignité humaine en germe dans l'enfant...

Comme nous voudrions les voir, ces pédagogues en chambres, enfileurs de phrases toutes
faites qui n'ont jamais soupçonné ce que c'est que
de faire une classe ; comme nous voudrions les
voir, seulement huit jours, dans une école de
certains centres, à la tête de cinquante ou
soixante enfants peu disposés à travailler, ils
oublieraient vite leurs phrases de manuel !

Qu'on veuille bien croire que nous ne nous
faisons pas l'apologiste des châtiments corporels
pour le plaisir.

Et si nous exposons les choses de la sorte,
c'est qu'en dépit des règlements, des directions
pédagogiques, des conseils des Inspecteurs, les
choses se passent comme cela et il est impossible qu'elles se passent autrement. Certes nous
serions des premiers à souhaiter que l'Instituteur,
soutenu par l'administration et aidé par un règlement disciplinaire plus sévère, n'ait jamais à
user des châtiments corporels à l'école.

Malheureusement nous n'en sommes pas encore là !

Et en fin de compte vous n'en restez pas moins
pris entre le règlement, qui vous interdit formel-
lement les châtiments corporels, et la malice de

certains parents d'élèves qui savent fort bien que
la moindre plainte à ce sujet, venant de leur part,
serait suivie d'un effet déplorable pour vous;
et vous êtes par là même dépouillé du seul
moyen qui vous permette d'obtenir une discipline
efficace.

C'est donc à vous de tourner la difficulté.

En principe, sous quelque prétexte que ce soit,
ne frappez *jamais, jamais, jamais.*

Avec les parents qui considèrent l'Instituteur
comme un remplaçant à qui ils remettent toute
leur autorité sur leur enfant pendant la durée
des classes, vous n'éprouverez aucune difficulté;
il vous suffira de les prévenir, lorsque la nécessité
s'en fera sentir, de l'urgence qu'il y a d'agir énergiquement vis-à-vis de leur enfant, pour que
le père, dans l'intérêt de l'éducation et de l'instruction de son fils ou de sa fille, vous délègue
entièrement son droit de correction paternel.

Lorsque de votre côté vous aurez prévenu l'enfant de la façon dont vous êtes armé à son égard,
il se conduira de telle manière que vous n'aurez
jamais, nous parlons d'expérience, l'occasion de
vous servir du droit que vous auront donné ses
parents.

Pour les élèves comme on n'en rencontre que
trop hélas! surtout dans les grandes villes,
élèves soutenus de leurs parents avec d'autant
plus d'acharnement que leur conduite à l'école

est plus mauvaise, pour ceux qui à la moindre
chiquenaude vous rappellent insolemment à l'article 20 du Règlement, vous menacent de se
plaindre à leurs tristes parents ou à la mairie,
pour ceux-là, encore une fois, contenez-vous, ne
les touchez pas.

La méchanceté de leurs parents donnerait
suite à la plainte dont ils vous menacent, elle
suivrait son cours, vous auriez tort malgré toutes
vos bonnes raisons et vos excuses, car le Règlement est formel, et vous risqueriez pour un gar-
nement indigne, graine de prison future, de compromettre le fruit d'un nombre plus ou moins
considérable d'années de bons services.

Comme il est entendu que vous ne devez, sous
aucun prétexte, corriger vous-même et que d'autre part les châtiments corporels sont indispensa-
bles à l'établissement et au maintien d'une
bonne discipline, eh bien ! faites faire la besogne
par les parents.

A chaque faute grave commise par un mauvais
élève, paresse, indiscipline, réponses insolentes,
mots grossiers, prévenez les parents, écrivez-
leur, obligez-les à venir vous parler, n'acceptez
leur enfant qu'autant qu'ils vous le reconduiront
eux-mêmes et demandez-leur s'ils approuvent et
encouragent sa mauvaise conduite.

Vous pouvez être sûr qu'après plusieurs plain-
tes de ce genre, le père ou la mère, fatigués

d'être continuellement dérangés, interviendront énergiquement auprès de leur progéniture pour qu'à la fin vous les laissiez en repos.

Ou bien encore ils vous l'enlèveront pour lui faire fréquenter l'école voisine, ce qui sera la meilleure des solutions.

Moyennant ces quelques précautions vous établirez dans votre école une solide discipline, et cela sans enfreindre le Règlement et sans user personnellement des châtiments corporels.

Une fois votre discipline bien établie, tenez-y toujours la main, ne la laissez pas péricliter, car à la moindre défaillance de ce côté, vous perdriez rapidement le terrain conquis et tout serait à recommencer.

III

Des programmes

La Lecture ; la récitation de Morceaux Choisis ; la Langue française, grammaire et rédaction ; l'Histoire de France ; la Géographie ; l'Histoire générale (cours supérieur) ; l'Instruction morale et civique ; le Calcul, arithmétique et système métrique ; la Géométrie ; le Dessin linéaire et d'ornement ; les Éléments usuels des sciences physiques et naturelles ; l'Agriculture et l'Horticulture ; le Chant ; le Travail manuel ; les Exercices de gymnastique ; les Travaux à l'aiguille (pour les filles).

Tel est le vaste programme officiel des différentes matières soi-disant enseignées ? et étudiées ?? à l'école primaire.

Si nous répartissons ces vingt matières entre les vingt-sept heures d'études et de travail qui composent une semaine d'école, nous voyons combien est dérisoire la durée du temps consacrée à chacune de ces matières, et combien un tel programme, s'il était suivi à la lettre, multiplierait les leçons orales.

Mais tous les Instituteurs savent que le programme, impraticable et impratiqué dans la plupart de ses parties, est un véritable trompe-l'œil. Il a pu faire le bonheur des ronds de cuir incompétents qui l'ont rédigé il y a dix ans, en l'accompagnant de directions saugrenues puisées chez les *quidams* de la pédagogie, et c'est tout.

Et à l'heure actuelle, l'administration, finissant par où elle aurait dû commencer, enquête discrètement auprès des Instituteurs pour savoir ce qu'ils pensent de ce programme, et cela en vue d'un remaniement qui ramènerait l'ensemble des matières enseignées à l'école primaire à des proportions plus justes et plus pratiques.

En attendant ces réformes qui seront lentes à venir peut-être, prenez les devants, et dans ce bois trop touffu et sans air, élaguez sans crainte les parties qui vous agréent le moins et qui vous semblent inutiles. Néanmoins, quelles que soient les parties du programme que vous sacrifiiez, ne touchez jamais aux matières étudiées en vue de la préparation au certificat d'études. Nous verrons plus loin que c'est là, au contraire, que vous devez concentrer tous vos efforts.

IV

De l'emploi du temps

L'emploi du temps, dans les différents cours élémentaire, moyen ou supérieur, se ressent forcément de l'encombrement du programme officiel, et justifiant l'épigraphe placée en tête de cette partie de notre travail, il abuse absolument des forces de l'Instituteur imprudent qui se croit obligé de le suivre à la lettre.

Rien n'est plus facile à s'en convaincre qu'en examinant l'emploi du temps, dans le cours supérieur par exemple, emploi du temps qui va nous servir de type.

COURS SUPÉRIEUR

Classe du matin

De huit heures et demie à neuf heures. — Instruction morale ou civique.

De neuf heures à dix heures. — Calcul, système métrique, géométrie.

De dix heures à dix heures un quart. — Repos.

De dix heures un quart à onze heures. — Français, rédaction.

De onze heures à onze heures et demie. — Écriture ou rédaction d'un devoir.

Classe du soir

De une heure à deux heures. — Histoire ou géographie.

De deux heures à deux heures et demie. — Lecture, exercice de mémoire.

De deux heures et demie à deux heures trois quarts. — Repos.

De deux heures trois quarts à trois heures et demie. — Dessin, chant, travail manuel ou rédaction d'un devoir.

De trois heures et demie à quatre heures. — Sciences physiques et naturelles (leçons de choses), agriculture et horticulture.

En examinant attentivement cet emploi du temps, on voit qu'il comporte quatre heures un quart de leçons orales par jour : Instruction morale et civique, une demi-heure ; calcul et système métrique, une heure ; français, trois quarts d'heure ; écriture, un quart d'heure ; histoire et géographie, une heure ; lecture, un quart d'heure ; dessin, chant ou travail manuel, un quart d'heure ; sciences physiques et naturelles ou agriculture et horticulture, une demi-heure.

Interrogez les avocats, les professeurs, les orateurs, en un mot toutes les personnes qui par profession font un habituel usage de la parole ; toutes seront unanimes à dire que c'est là abuser des forces d'un homme. Et nous sommes persuadés qu'un Instituteur inexpérimenté qui suivrait un tel emploi du temps à la lettre, de point en point, arriverait à la fin de l'année scolaire complètement exténué. Le cas n'est que trop fréquent hélas !

Nous trouvons, pour notre part, que deux heures de leçons orales par jour sont plus que suffisantes pour l'étude complète des parties vraiment utiles du programme.

Vous distribuerez ces deux heures de leçons orales de la manière suivante : Une demi-heure pour le calcul et une demi-heure pour le français le matin ; une demi-heure pour l'histoire ou la géographie et une demi-heure pour les autres exercices le soir.

Pour les autres matières, qui en somme n'ont qu'une importance secondaire, vous en ferez faire l'étude directement par l'enfant au moyen de lectures, de copies, de résumés, de tableaux synoptiques, etc.

Faites travailler l'élève et ménagez-vous vous-mêmes ; imitez les frères des écoles chrétiennes ; renseignez-vous sur leurs méthodes et les procédés pédagogiques ; appropriez-vous-en tout ce qui pourra vous être utile. Vous verrez comme tout y est combiné pour forcer l'écolier au travail et pour épargner les forces si précieuses du maître. Vous pourrez peut-être reprocher à ces méthodes et à ces procédés de ne pas assez exercer le jugement de l'enfant, mais rien ne vous oblige à tomber dans ce travers.

V

Considérations sur l'enseignement pratique et sans fatigue de chacune des matières du programme officiel.

Vous n'arriverez à faire la classe sans fatigue qu'en partant de ce principe fondamental: Ne faire à l'école primaire que de l'enseignement primaire.

On n'est pas sans frémir quand on pense que pendant le temps de sa scolarité, c'est-à-dire de six à treize ans, un enfant a lu ou étudié dans quatre livrets de Lecture préparatoire ; quatre à cinq livres de Lecture courante ; quatre livres de Grammaire, l'année préparatoire, le cours élé-

mentaire, le cours moyen et le cours supérieur ;
quatre livres d'Arithmétique, le cours préparatoire, le cours élémentaire, le cours moyen et
le cours supérieur ; quatre livres d'Histoire de
France, le cours préparatoire, le cours élémentaire, le cours moyen et le cours supérieur ; quatre
livres de Géographie, le cours préparatoire, le
cours élémentaire, le cours moyen et le cours
supérieur ; quatre livres de Sciences physiques et
naturelles, le cours préparatoire, le cours élémentaire, le cours moyen et le cours supérieur ;
quatre livres de Morceaux choisis, prose et vers,
le cours préparatoire, le cours élémentaire,
le cours moyen et le cours supérieur ; quatre
livres de Composition française, le cours préparatoire, le cours élémentaire, le cours moyen et
le cours supérieur ; un Traité d'instruction morale
et civique ; un Traité de musique et de chant ; un
Traité d'agriculture ; un Traité d'horticulture, etc.,
etc. ; au total trente-cinq à quarante livres et
nous devons certainement en avoir oublié. Et
quelle mélancolie vous prend quand on pense
aux piètres résultats obtenus avec un aussi for-
midable attirail d'étude !

Débarrassez, débarrassez votre classe de ce
fouillis de livres inutiles dont l'un n'est que
la superfétation inutile de l'autre. Ne conservez,
pour chaque matière, que les ouvrages stricte-
ment nécessaires et choisissez-les autant que

3

possible parmi ceux qui sont rédigés d'une manière simple et accessible à la généralité des enfants.

DE LA LECTURE

Apprendre à lire rapidement aux jeunes enfants est une des choses les plus difficiles de l'enseignement primaire, il est peu de maîtres qui y réussissent parfaitement.

Adoptez, tout d'abord, une méthode de lecture simple et facile, qui fuie les difficultés inutiles et qui n'ait pas d'autres prétentions que d'enseigner la lecture. Défiez-vous de ces livres qui apprennent ou qui sont censés apprendre simultanément, à des enfants de quatre à six ans, c'est-à-dire incapables d'un effort bien suivi, d'une attention bien soutenue ; la lecture, l'écriture, l'orthographe, le dessin, etc., livres tellement compliqués que le maître s'y perd lui-même.

Avec de pareilles méthodes de lecture vous doublez votre peine, vous piétinez sur place et vous perdez votre temps.

N'essayez pas non plus de faire comprendre à l'enfant le mécanisme de la lecture, il en est complètement incapable, adressez-vous seulement à sa mémoire.

Faites-lui parcourir la méthode que vous aurez adopté leçon par leçon, et ne passez d'une leçon à une autre qu'autant que la première sera bien sue.

Aussitôt qu'un enfant lira à peu près couramment ne vous attardez pas aux dernières difficultés du syllabaire ; donnez-lui tout de suite un livre de lecture courante. L'étude de ces dernières difficultés vous ferait perdre beaucoup de temps. Il vous sera toujours loisible de les faire étudier particulièrement, lorsque vous les rencontrerez dans la lecture courante, d'autant mieux que par leur rareté elles frapperont davantage l'enfant qui les retiendra plus facilement.

Dans les classes élémentaires fréquentées par des enfants qui ne savent pas lire encore, partez de ce principe suivi du reste et préconisé par les Instituteurs qui connaissent leur affaire, faites de la lecture, encore de la lecture et toujours de la lecture ; ne vous souciez pas autrement du programme et de l'emploi du temps et souvenez-vous bien qu'un enfant qui sait lire est sauvé, scolairement parlant. L'étude des autres matières viendra en son temps.

La lecture expressive et la récitation de morceaux choisis sont des exercices qui se complètent mutuellement. Exigez que les enfants lisent et récitent le plus naturellement possible.

Depuis quelques années on a ouvert dans les villes, à l'usage des Instituteurs et des Institutrices, des cours de lecture et de récitation. Ces cours, faits généralement par de vagues comédiens ou comédiennes, utilités de grands théâ-

tres sans emploi, n'ont pas été sans améliorer
quelque peu la diction des maîtres et des maî-
tresses, seulement ils ont introduit dans les
écoles une lecture et une récitation théâtrales
d'un goût désastreux.

On comprend très bien qu'un comédien, tout en
restant naturel, et c'est là le comble de son art,
soit obligé d'user d'artifice pour faire porter son
débit dans tous les points d'un vaisseau aussi
vaste que l'est généralement celui d'une salle de
théâtre.

Mais à l'école, les *r* roulés, les ports de voix,
les parties du récit sombrées ou dites d'une voix
blanche sont absolument inutiles et hors de
propos.

Apportez tout votre soin au choix des morceaux
de récitation que vous donnerez à étudier à vos
élèves. Usez, mais n'abusez pas, des fables de La
Fontaine ; tout en admirant le merveilleux génie
de cet écrivain, nous trouvons qu'elles sont pour
la plupart hors de la compréhension des enfants ;
et plus nous les avons fait étudier, plus nous nous
sommes persuadé qu'elles n'ont pas été écrites
pour eux, malgré les dédicaces de certaines d'entre
elles. Si le bonhomme des contes revenait en ce
monde il serait bien étonné de voir ses fables,
œuvres d'un vieillard égoïste et malicieux, servir
à former le cœur de la prime jeunesse.

N'abusez pas non plus des pièces patriotiques.

Les sentiments de patriotisme que vous avez à développer dans le cœur de vos élèves, sont de ceux que vous devez traiter avec le plus de délicatesse. On ne joue pas avec les choses saintes.

DE L'ÉCRITURE

Un moyen de réussir dans l'enseignement de l'écriture, sans peine et sans fatigue, que bien peu de maîtres emploient, est celui-ci :

Vous n'avez pas été sans remarquer, pour peu que vous soyez observateur, que tous les enfants suivant les leçons d'un même maître ont l'écriture de leur professeur.

Donc, si toutes les fois que vous écrivez sur le tableau noir ou sur les cahiers, vous vous appliquez de votre mieux, tous les élèves de votre classe imiteront naturellement cette écriture appliquée et à part quelques maladroits ils écriront bien. Par conséquent vous devez éviter ce travers presque général qui consiste à griffonner sur le tableau noir. N'y tracez jamais une lettre, un chiffre qui ne soient pas conformes aux principes d'une bonne écriture.

Ne vous servez jamais, même dans les petites classes, de cahiers préparés et gravés à l'avance. Souvent le graveur, mal guidé par l'auteur de la méthode, n'a pas observé les vrais principes de l'écriture et s'est livré, surtout sur les majuscules, à des fantaisies qui peuvent être agréables à l'œil, mais qui ne sauraient être tolérées dans l'enseignement rationnel de l'écriture à l'école. En outre ces cahiers, et c'est là leur principal défaut, sont rarement gradués d'une façon normale. Telle ou telle lettre qui exige cinq ou six leçons d'étude, n'en comporte qu'une ou deux dans les méthodes gravées.

Faites tracer la leçon d'écriture simplement sur le cahier journal.

Dès le commencement de l'année scolaire, réunissez les lettres minuscules et majuscules par groupes, suivant leur ressemblance et leur affinité, faites étudier ces différents groupes en allant du plus simple au plus compliqué et en multipliant plus ou moins les leçons, suivant la difficulté du groupe de lettres étudié. Ne passez d'un groupe à l'autre qu'autant que la généralité des enfants écrit bien le groupe précédent. Usez-en de même pour l'étude des chiffres qui, à l'école, est complètement négligée.

Il est inutile de faire la théorie orale de l'écriture.

L'écriture est un véritable dessin. Contentez-vous donc de tracer sur le tableau noir des modèles rigoureusement conformes aux principes de l'écriture, et engagez vos élèves à les imiter de leur mieux.

Veillez, dans les petites classes surtout, à ce

que les enfants tiennent bien leur porte-plume, car plus tard il est presque impossible de corriger la mauvaise tenue de la plume.

Il est vrai de dire que certains enfants écrivent très bien tout en tenant mal leur plume.

DE LA LANGUE FRANÇAISE

Débarrassez-vous sans scrupule de ces volumineux cours de grammaire en trois ou quatre années, qui contiennent des notions de grammaire historique, de littérature, de composition française, de lexicologie, etc., non pas que nous méconnaissions la réelle valeur de ces ouvrages, mais nous les trouvons hors de la portée d'enfants qui, à l'école primaire, doivent avant tout faire des études primaires. Contentez-vous d'un livre clair et simple, revenez par exemple à la grammaire Noël et Chapsal, qui dans quelques quatre-vingts pages contient en règles et en applications tout ce qu'il est essentiel de savoir de la langue française. Ne vaut-il pas mieux posséder complètement un livre suffisant, que d'avoir des notions vagues et mal digérées d'un livre plus complet.

Ne vous servez, à aucun prix, de ces livres où les règles sont suivies d'exercices d'application dans le goût de celui-ci, où l'on propose le pluriel des noms : La pomme, les pomme — un trait, il s'agit pour l'élève de remplacer le

trait par l's du pluriel ; le chien, les chien — s,
la maison, les maison — s, le soldat, les soldat — s ; et ainsi de suite. L'élève copie sans lire,
met l's à la place du trait mécaniquement, et le
devoir bâclé il est aussi avancé que s'il n'avait
rien copié !

Contentez-vous tout simplement, la règle de
grammaire expliquée et étudiée textuellement, de
la faire suivre d'une dictée d'application, avec un
exercice quotidien écrit d'analyse grammaticale
et un exercice de conjugaison également écrit,
vous n'avez pas besoin d'autre chose pour faire
étudier la langue française.

Et n'oubliez pas en dépit des modes nouvelles
qui ont supprimé l'analyse grammaticale et les
conjugaisons de verbes, et des propositions de
certains inspecteurs à moitié fous, tendant à
la suppression radicale de la dictée, que ces trois
sortes d'exercices sont les seuls qui puissent
amener rapidement l'enfant à la connaissance de
la langue française et de l'orthographe.

Les frères des écoles chrétiennes, que nous
citons encore parce qu'ils sont nos aînés en pédagogie pratique, et qu'après tout il faut prendre
son bien partout où on le trouve, accompagnent
l'étude de toutes les parties de la grammaire d'un
devoir *quotidien* et écrit d'analyse grammaticale et de conjugaison de verbes.

Toujours d'après cette règle nouvelle, qu'il faut

faire travailler le maître à la place de l'élève, on a presque supprimé la dictée et on a supprimé complètement les exercices écrits d'analyse et de conjugaison. Il en est résulté que malgré toutes les directions nouvelles des journaux spéciaux et des manuels pédagogiques et la peine que se donnent les Instituteurs, les enfants n'arrivent à posséder des notions d'orthographe et de langue française suffisantes, qu'en beaucoup plus de temps qu'il y a vingt-cinq ans. On n'a pas été en progressant de ce côté et c'est véritablement fâcheux.

DE LA RÉDACTION

Qu'à sa sortie de l'école, l'enfant soit en état de rédiger une lettre dans un français suffisant, voilà pour vous l'idéal à atteindre dans cet enseignement.

Faites-lui donc rédiger des lettres s'appliquant aux diverses circonstances de la vie où il aura besoin de *mettre la main à la plume*.

Comme il est évident que vous ne pouvez pas toujours faire rédiger des lettres, permettez-vous quelquefois des sujets ayant trait au milieu dans lequel vit l'enfant ou à ses occupations habituelles.

Ne vous arrêtez pas à la rédaction des couchers de soleil, des abordages en pleine mer, des orages dans les Pyrénées ; sujets pompeux fort

3.

en vogue dans les écoles à l'heure actuelle. Lorsqu'un enfant parvient à se tirer d'une pareille rédaction, son travail n'est généralement qu'un
tissu baroque et ridicule de phrases toutes faites
retenues au hasard des lectures.

Proposez quelquefois aussi la rédaction de devoirs de géographie, d'histoire de France, d'instruction morale et civique ; ce sera pour vous un
excellent moyen de révision.

DE L'HISTOIRE DE FRANCE

De toutes les matières enseignées à l'école
primaire, l'étude de l'histoire de France est
certainement une de celles qui offrent le plus de
difficultés, et l'enseignement oral du maître vient
à peine les aplanir. Cela est tellement vrai, que
l'on peut dire a priori des enfants quittant l'école,
même muni du Certificat d'études primaires,
qu'ils ne savent pas l'histoire de France.

En effet l'écolier n'emporte de la classe que
quelques dates, quelques faits isolés, quelques
notions confuses pêle-mêle dans son cerveau,
avec quelquefois une vue un peu plus nette de la
période contemporaine, et encore !

Mais que de lacunes ! que de difficultés pour lui
de reconstituer, de percevoir nettement, ce que
nous voyons si difficilement nous-mêmes à travers la brume des siècles, l'insuffisance et les

contradictions volontaires ou involontaires des renseignements !

Mettez un peu de lumière et d'ordre dans ce cahos par des récits, par des tableaux synoptiques ; atténuez la sécheresse des résumés par des lectures tirées des grands historiens.

DE LA GÉOGRAPHIE

L'étude de la géographie est plus positive que celle de l'histoire.

Dans cet enseignement il n'y a pas à craindre l'abus du livre, la meilleure géographie est évidemment la mieux renseignée.

Complétez chaque leçon par la confection, séance tenante, d'une carte ayant trait à la partie étudiée. Vous terminerez ainsi la leçon par un exercice qui sera un repos pour vous, et pour vos élèves une occupation des plus profitables.

Lorsque ces cartes présenteront une certaine difficulté vous pourrez les dessiner vous-même sur le tableau noir.

DE L'INSTRUCTION MORALE ET CIVIQUE

Suivre dans cet enseignement les manuels de point en point. Faire étudier et copier les résumés et lire attentivement les récits qui les commentent.

DU CALCUL ET DU SYSTÈME MÉTRIQUE

Dans cet enseignement proscrivez impitoyablement les bouliers-compteurs, les combinaisons de boîtes, de cubes, de bâtonnets, de bûchettes, de compteurs-numérateurs, etc., dont des inventeurs ? spéciaux et les éditeurs classiques ont inondé les écoles depuis dix ans. Ces diverses inventions paraissent séduisantes à première vue, mais à l'usage elles sont une cause de désordre, d'indiscipline, de perte de temps incroyables.

Contentez-vous de la craie et du simple tableau noir, un bon maître n'a pas besoin d'autre chose dans sa classe.

Un Instituteur habile et sachant son métier peut, après qu'il leur a donné la notion et la compréhension nettes de l'unité, enseigner à des enfants de six à huit ans, la numération des nombres entiers et des nombres décimaux en cinq ou six leçons. Nous l'avons fait nous-mêmes et nous l'avons vu faire maintes fois autour de nous.

Quand vous écrivez des nombres sur le tableau noir, pour n'importe quel exercice de calcul que ce soit, que ces nombres représentent toujours des unités concrètes. N'omettez jamais la virgule des unités, et indiquez toujours par un point à droite et au-dessus du troisième chiffre les différentes classes d'unités. Dans la plupart des cas on ne tient pas compte de ces petites remarques, elles ont pourtant une importance considérable surtout dans l'étude de la numération.

Quand vous arriverez à l'addition, faites toujours calculer vos élèves mentalement, ne vous
servez pas du boulier-compteur ou d'autres
instruments analogues, et surtout ne les laissez
jamais compter sur leurs doigts. Ils iront peut-être
un peu moins vite au début, mais lorsqu'ils sauront calculer de tête ils le sauront imperturba-
blement et pour toujours.

La table de multiplication a une importance
capitale en arithmétique, on peut dire qu'elle est
la clef du calcul. Elle sera l'objet d'une étude
journalière surtout dans le cours élémentaire.
Vous n'aborderez la multiplication et la division
qu'autant que vos enfants la sauront parfaitement, autrement vous perdriez beaucoup de
temps.

Contrairement à l'usage qui veut que les
mesures qui composent le compendium métrique disparaissent sous une couche épaisse de
poussière rarement époussetée, vous pourrez vous
en servir dans l'enseignement du système métrique. Il est évident que lorsque vous en étudierez
les diverses unités vous aurez tout avantage à les
montrer réellement à vos élèves.

Vous pourrez aussi leur donner quelques notions de géométrie pratique, en les emmenant
avec vous faire les arpentages dont pourront
vous charger les habitants de votre commune.

DU DESSIN

Proscrivez dans l'étude du dessin toutes espèces de cahiers préparés, accompagnés de quadrillage, de tracé ou pointillé, de calques du dessin à reproduire, etc.

Contentez-vous encore dans cet enseignement du simple tableau noir ; tracez-y d'abord les lignes qui serviront à mettre le dessin en place, exécutez ce dernier et obligez vos élèves à copier de leur mieux.

Avec les plus avancés dessinez d'après le plâtre en suivant les mêmes procédés.

Passez ensuite au dessin d'après nature.

Commencez par des objets usuels très simples et graduez la difficulté suivant la force des élèves.

DES ÉLÉMENTS DES SCIENCES PHYSIQUES ET NATURELLES

Lecture du manuel. Etude et copie des résumés. Inutilité complète des leçons orales.

DES LEÇONS DE CHOSES

D'une invention et d'une application récentes en pédagogie. Comme bien d'autres turlutaines dont on est revenu, la leçon de choses devait donner des résultats merveilleux. On l'abandonne à peu près partout. Vous pourrez remplacer cette leçon orale, aussi fatigante qu'inutile, par la lecture, au moment où elle doit avoir lieu, d'un des mille et un livres qui submergent les écoles présentement et qui traitent, avec la prétention d'en instruire les enfants, de la diplomatie, de l'armée, de l'industrie, de la marine, du commerce, etc., en un mot de toutes les choses connues et même d'autres encore. *De omne res scibili et quibus dam alii.*

DE L'AGRICULTURE ET DE L'HORTICULTURE

A la ville, les notions d'agriculture et d'horticulture ne peuvent se donner que par la lecture faite de temps à autre d'un manuel spécial.

A la campagne, l'Instituteur pourra toujours, lorsqu'il le jugera convenable, se faire accompagner dans son jardin par ses plus grands élèves et leur donner sur les lieux les premières notions de l'agriculture et de l'horticulture, tout en leur faisant sarcler les légumes et nettoyer les allées.

DU CHANT

Un seul conseil. Crier n'est pas chanter. Tenez-en compte, non pas pour ménager la voix de vos élèves, mais pour sauvegarder votre propre larynx. Vous avez à en user dans d'autres leçons d'une utilité plus certaine que la leçon de chant.

DE LA GYMNASTIQUE

Tenez-vous-en aux exercices qui peuvent

réellement être utiles au développement physique de l'enfant. Evitez tout ce qui touche à l'acro-
batie. Laissez cela aux sociétés de gymnastique
organisées en règle et dont c'est le but principal.
Evitez un travers dans lequel tombe la grande
majorité des Instituteurs ; ne commandez pas vos
exercices de gymnastique avec la voix d'un capo-
ral instructeur, encore une fois ménagez votre
larynx.

Il y a mieux, généralement dans chaque école
il y a un ou plusieurs élèves qui montrent des dispositions toutes particulières pour la gymnastique.
Prenez ces enfants comme moniteurs, chargez-
les des commandements.

DES TRAVAUX MANUELS

La bête noire des Instituteurs et des Institutrices.

L'Administration et les Inspecteurs imposent
de leur côté ces fastidieux exercices, avec une
insistance qui est en raison directe de l'opposi-
tion sourde qu'ils rencontrent de la part du corps
enseignant.

Nous vous dirons peu de choses sur l'enseignement des travaux manuels, pour la raison pé-
remptoire que nous ne les avons jamais exécutés
dans notre classe.

Nous avons vu certains de nos collègues faire
plier des feuilles de papier à leurs élèves d'une

façon baroque, pendant une ou deux leçons ; puis ils renfermaient le résultat puéril mais honnête de ces exercices : cocottes, petits bateaux, chapeaux de gendarmes, précieusement dans une armoire en vue de la prochaine visite de l'Inspecteur. Chacun s'arrange comme il l'entend et pare à sa guise le coup de l'Inspection.

DES TRAVAUX A L'AIGUILLE

Les programmes laissent l'Institutrice libre de les enseigner chaque jour pendant une heure, ou bien d'y consacrer chaque semaine une après-midi tout entière.

Nous qui savons combien l'enseignement est pénible et fatigant pour les femmes, nous les engageons vivement à adopter cette dernière combinaison. Elles trouveront là une après-midi remplie par une leçon de repos, cela ne pourra leur être que profitable.

Dans l'enseignement des travaux à l'aiguille, tout en montrant à vos élèves le crochet, l'art de la broderie, qui sont pour les femmes des occupations charmantes, ne négligez pas les travaux plus pratiques, tels que l'ourlage des torchons, le raccommodage des chaussettes, le tricotage des bas, etc.

Et soyez persuadées qu'un fond de culotte réappliqué artistement ne manque pas de mérite.

Tels sont résumés rapidement, dans leurs

parties essentielles, les conseils qui permettront
aux Instituteurs et aux Institutrices qui les
suivront consciencieusement de faire l'école sans
fatigue, et sans compromettre en rien leurs
succès.

Nous avons protesté en passant, aussi souvent
que nous en avons trouvé l'occasion, contre
la multiplicité des livres inutiles qui envahissent
les écoles. Livres qui ne diminuent en rien
la tâche du maître sans pour cela augmenter le
savoir des élèves.

Nous savons fort bien que la faute initiale
en est au corps enseignant lui-même. Quel est
l'Inspecteur primaire qui n'a pas perpétré sa
méthode de lecture ou d'écriture ou de calcul,
etc., etc., compilation indigeste, faite par un
homme généralement peu lettré, d'un livre plus
clair. Les Instituteurs et les Institutrices de
la circonscription s'empressent, pour faire leur
cours à l'Inspecteur, d'adopter ses méthodes
bonnes ou mauvaises, plutôt mauvaises. Et voilà
comment ce phylloxera spécial gagne de proche
en proche, et envahit à la longue le champ
de l'Enseignement.

Les éditeurs spéciaux, de leur côté, poussent
au mouvement de toutes leurs forces, à chacune
de leur boutique est attaché un journal scolaire
qui, sous couleurs de conseils et de directions
pédagogiques n'a qu'un but, faire une réclame

effrénée aux produits de la maison. On ne saurait blâmer un commerçant de faire du commerce. C'est à vous Instituteurs d'apprécier dans quelle mesure vous devez user du livre à l'école.

Ne faites jamais de classe supplémentaire en dehors des heures officielles. Nous trouvons qu'il y a une certaine malhonnêteté à travailler gratuitement après les heures de classe. Car en agissant ainsi vous créez dans votre commune ou dans l'école à laquelle vous appartenez, des précédents que vos successeurs ne pourront peut-être pas suivre pour des raisons de santé où des raisons pécuniaires, et ce sera pour eux une cause d'ennuis. Et puis, franchement, vous n'êtes pas tellement écrasés par vos appointements, que par compensation, vous éprouviez le besoin de travailler à l'œil.

Ne faites pas de zèle. Faire son devoir, étant donné la naturelle imperfection de l'homme, est une chose difficile et ceux qui l'outrepassent nous ont toujours paru suspects. Généralement il se cache derrière l'affectation de zèle un intérêt louche. Il est impossible de faire la classe huit ou dix heures par jour, donc si vous travaillez pendant les heures supplémentaires, vous ne faites rien pendant les heures officielles, il n'y a pas de milieu ; du reste c'est comme cela que les choses se passent habituellement.

L'école sans fatigue, ne veut pas dire la classe

sans rien faire. Faites tout votre devoir, mais faites-le avec intelligence et jusqu'à concurrence de la conservation de vos forces et de votre santé !

QUATRIÈME PARTIE

De la préparation rationnelle au Certificat d'Études primaires

Tous les enfants sont égaux
devant l'instruction.

I

L'œuvre de l'instruction de l'enfant, achevée Dieu sait au prix de quelles peines et de quels efforts, a pour couronnement cette erreur colossale : Le Certificat d'Etudes primaires.

Lors de son institution, en mil huit cent soixante-huit, le Certificat d'Etudes primaires devait être dans la pensée de ceux qui le préconisaient alors, la conclusion naturelle des études faites à l'école et par là même être accessible, à de rares exceptions près, à la grande majorité des enfants ayant terminé leurs études primaires.

Nous allons voir combien depuis cette époque il a dévié de son but originaire.

A l'heure actuelle, le Certificat d'études primaires n'est plus que la jauge, si l'on peut s'exprimer ainsi, avec laquelle on mesure la capacité professionnelle de l'Instituteur. On ne dit pas à ce dernier de travailler de son mieux, par l'exécution intelligente des programmes dans ce qu'ils ont de praticable, à l'éducation et à l'instruction des enfants qui lui sont confiés et dont il est responsable au moins vis-à-vis de sa conscience ; non, on lui demande simplement de préparer beaucoup de candidats au Certificat d'études.

Qu'arrive-t-il alors ?

L'Instituteur, sachant qu'il n'aura de bonnes notes et que son école ne sera bien cotée que s'il produit de nombreux candidats au Certificat d'Etudes, n'a dans sa classe qu'un objectif : *faire*, c'est là le terme consacré, l'expression courante dans le monde des pédagogues, *faire* des Certificats d'Etudes.

Qui d'entre nous n'a pas entendu maintes fois cette phrase navrante, mais typique.

Deux Instituteurs causant de leurs écoles respectives, l'un dire à l'autre : « Oh ! moi, je n'ai rien cette année, je n'ai pas de Certificat d'Études. »

Ainsi l'éducation, l'instruction, l'accouchement

intellectuel (si l'on veut nous permettre cette expression qui n'est pas trop forte) de cinquante enfants à mener à bien durant toute une année, cela ne compte pour rien, c'est quantité négligeable : « Je n'ai pas de Certificats d'études. »

Comme le niveau de l'examen du Certificat d'études primaires s'est sensiblement élevé depuis son origine et qu'il n'est plus accessible à la généralité des enfants qui fréquentent l'école, que fait l'Instituteur ?

Pour avoir toujours sous la main un contingent de candidats qui d'année en année lui fassent honneur : dès la dernière classe, dans les écoles qui en comptent plusieurs, dès le cours élémentaire dans les écoles à une seule classe, il trie sur le volet les sujets qui par leur intelligence ou leurs facilités précoces semblent aptes à *faire* des certificats, il les pousse, ces sujets, de classe en classe, de division en division, il les chauffe, il les surmène jusqu'au moment critique. Les succès et la bonne renommée de l'école ne reposent-ils pas sur eux.

Pendant ce temps, les pauvres enfants ayant moins de moyens ou dont l'intelligence est plus lente à se développer, mais qui avec des soins répartis plus équitablement seraient arrivés eux aussi à cette terre promise du Certificat d'Etudes, sont négligés. Le moment arrive pour eux de quitter l'école et ils en emportent une somme de connaissances certainement moindre que celle qu'ils auraient pu posséder si tout s'était passé d'une manière plus rationnelle. Heureux encore quand ils ne quittent pas la classe ne sachant rien, comme cela arrive trop souvent, hélas !

N'y a-t-il pas là une véritable injustice ?

Tous les enfants sont égaux devant l'Instruction, elle doit leur être départie avec impartialité, à eux d'en profiter suivant leurs moyens.

Si l'abus que nous venons de signaler était le fait d'un petit nombre d'Instituteurs, il n'y aurait pas lieu de s'en alarmer davantage. Malheureusement cette manière de procéder est répandue dans la généralité des écoles !

Nous ne parlons pas, dans les villes où il y a plusieurs écoles, des petites bassesses dont se rendent coupables tels ou tels directeurs pour enlever un bon sujet, un certificat probable à un collègue ; ni des inimitiés sourdes, des rivalités mesquines que ces procédés peu loyaux suscitent entre les directeurs et les Instituteurs de ces écoles.

Nous ne parlons pas non plus du découragement de l'Instituteur suivant ponctuellement son programme, distribuant à tous ses élèves indistinctement ses soins et ses peines et qui se voit dépasser par des rivaux moins consciencieux, mais ayant plus de savoir faire.

Le Certificat d'Etudes primaires tel qu'on

le délivre à l'heure actuelle a encore bien d'autres inconvénients.

Le règlement qui fixe présentement la limite d'âge des candidats ne permet-il pas de présenter aux examens des enfants de onze ans ?

Lorsqu'un élève a obtenu son Certificat d'Études primaires dans d'aussi déplorables conditions, avec la légèreté et la vanité naturelles à son âge, il croit tout savoir, il croit qu'il a tout gagné, qu'il n'a plus rien à apprendre, et pendant les deux années qu'il fréquente encore la classe il ne travaille plus. Souvent aussi l'Instituteur tranquillisé sur son compte, ne s'en occupe plus, absorbé qu'il est par la préparation de la fournée prochaine de Certificats.

Savez-vous, en outre, rien de plus ridicule et de plus lamentable à la fois que la situation d'un enfant de onze ans ayant complètement terminé ses études et qui n'est plus obligé de fréquenter l'école, si tel est le bon plaisir de ses parents.

Dans un autre ordre d'idées, un inconvénient plus grave du Certificat d'Etudes est le suivant:

Un grand nombre de parents, à la ville surtout, dont les enfants ont reçu le Certificat d'Etudes, sont fiers de les voir munis d'un titre qui les distingue de leurs petits camarades moins favorisés, peut-être moins travailleurs ou dont on ne s'est pas occupé (voir ci-dessus) ; leur vanité s'en trouve agréablement chatouillée et ils en prennent de l'orgueil, chose bien excusable après tout.

Mais comme ils ont entendu répéter maintes et maintes fois qu'avec de l'instruction on arrivait à tout, ils rêvent pour leurs fils, qu'ils croient instruits ? l'avenir le plus brillant et le plus fortuné; ils les lancent dans les emplois libéraux, où pour quelques-uns qui arrivent à force d'efforts à se créer une position raisonnable, il en est tant qui végètent dans de maigres emplois et finissent en fin de compte par augmenter le nombre sans cesse grandissant des déclassés ?

Et notez que sans cette espèce de mise en vedette occasionnée par le Certificat d'Etudes primaires, bien des parents auraient fait de leurs fils de braves et bons ouvriers de métiers manuels, munis d'une suffisante instruction.

Parmi les personnes qui s'occupent des choses de l'enseignement, beaucoup d'esprits judicieux se sont élevés contre les abus et les graves inconvénients qu'entraînaient la manière actuelle de délivrer le Certificat d'Etudes primaires, sans pour cela en obtenir la suppression.

C'est à vous, Instituteurs et Institutrices, soucieux de voir vos efforts et vos peines récompensés suivant leur mérite et non au hasard de la roulette des examens, de diriger tous vos efforts vers ce but : la suppression du Certificat d'Etudes primaires, et de réclamer sans cesse dans vos conférences pédagogiques, son remplacement par un examen de sortie, subi par tous les enfants en âge de quitter la classe, examen qui serait à la fois plus pratique, plus rationnel et surtout plus juste.

Comme nous, sans doute, vous n'êtes pas sans avoir lu dans les journaux spéciaux et dans les revues pédagogiques, nombre d'articles proposant la suppression du Certificat d'Etudes primaires et son remplacement par des examens plus en rapport avec l'extension prise par l'Enseignement primaire depuis ces dernières années.

Parmi ces diverses propositions, il y en a une qui nous a séduit par sa logique et son esprit pratique. Nous vous demanderons la permission de la reproduire ici :

« L'article 1er du Règlement des écoles pri-
« maires exige que les enfants fréquentent l'école
« jusqu'à l'âge de treize ans.

« Chaque année l'Instituteur et l'Institutrice
« seraient tenus d'envoyer à l'Inspecteur pri-
« maire la liste des enfants arrivés à cette limite
« d'âge et par là même devant quitter l'école.

« L'Inspecteur convoquerait ces enfants en
« temps opportun devant une commission d'exa-
« men, qui pourrait se composer des mêmes élé-
« ments et fonctionner de la même manière que
« les commissions d'examen du Certificat d'étu-
« des actuel.

« Là, chaque enfant serait examiné *soigneuse-*
« *ment* et *scrupuleusement* sur toutes les parties
« du programme. L'examen terminé, on lui re-
« mettrait un certificat constatant au moyen
« d'une notation très simple, par : nul, médiocre,
« assez bien, très bien ; ou par des chiffres équi-
« valant son degré d'instruction dans les diffé-
« rentes branches du programme. »

Alors disparaîtraient la plupart des inconvénients inhérents au Certificat d'études actuel. On
ne verrait plus cette monstrueuse et honteuse
division de la plupart des écoles en deux parties :
d'un côté les bêtes à concours, les sujets destinés
à *faire* des certificats, et de l'autre les enfants
moins intelligents, dont on s'occupe peu ou pas
et qu'on laisse croupir dans l'ignorance.

On pourrait, enfin, juger l'Instituteur sur la
réelle valeur de l'ensemble de sa classe, et non
sur son plus ou moins d'habileté à susciter des
candidats au Certificat d'études primaires.

II

*Au savoir joignez le savoir-
faire.*

Vous devez tendre, par tous les moyens qui
sont en votre pouvoir, à la suppression du Certificat d'études primaires et à son remplacement
par un examen de sortie, subi par tous les enfants en âge de quitter définitivement l'école.

Mais en attendant que les *desiderata* que vous
formulerez dans ce sens soient réalisés, en attendant qu'on fasse de vous ce que vous devriez être,
des éducateurs, il vous faut vous accomoder du
modus vivendi actuel au mieux de vos intérêts
professionnels.

Vous savez que le Certificat d'études primaires
est la pierre de touche avec laquelle on essayera
vos capacités et votre savoir-faire et que votre
avenir scolaire dépend, ainsi que nous avons
essayé de vous le montrer plus haut, de vos succès dans les examens. Vous savez également
qu'on exige de vous une surproduction de candi-

dats ; en attendant une réforme qui viendra certainement et qui vous permettra de faire la classe
comme elle devrait être faite, dans votre école
n'ayez qu'un objectif : Sauvegardez vos intérêts
personnels et *faites* des certificats.

*
* *

Pour produire le Certificat d'études d'une façon
intensive à l'école primaire, deux méthodes sont
en présence, toutes deux irrationnelles, anti-
pédagogiques et absolument contraire à la lettre
et à l'esprit des programmes ; mais l'Instituteur
n'a pas le choix, il est obligé, s'il veut avoir des
succès, d'employer l'une ou l'autre de ces deux
méthodes.

Et tous les Instituteurs que nous avons vu
triompher dans les examens ne devaient leurs
victoires, nous parlons d'expérience, qu'à l'emploi intelligent qu'ils faisaient de ces méthodes.

Cela est fâcheux à dire, mais les faits sont là.

La première méthode consiste à suivre régulièrement l'emploi du temps et les programmes
officiels, depuis la rentrée des classes jusqu'envi-
ron trois mois avant l'époque des examens.

A partir de ce moment, emploi du temps, programmes, élèves non candidats, sont complètement abandonnés. L'Instituteur ne s'occupe plus
exclusivement que des candidats triés à l'avance,

suivant l'usage consacré. Il les oblige à venir en classe le matin à sept heures, quelque fois avant, et il ne les renvoie qu'à six heures le soir.

Pendant onze heures chaque jour, jusqu'à la veille des examens, il se livre sur ces malheureux à des manœuvres qu'on ne peut comparer qu'aux procédés employés pour engraisser les volailles à la mécanique ; il les gorge, il les sature d'orthographe, de calcul, de dictées, de problèmes, etc.

Nous avons connu un jeune maître qui pendant cette période préparatoire faisait écrire à ses victimes jusqu'à cinq dictées par jour, sans préjudice des nombreux styles, comme on dit encore à l'école primaire, et des nombreux problèmes qu'il leur donnait à rédiger ou à résoudre supplémentairement à la maison.

Le gaillard a fait son chemin depuis et brillamment. Nous ne doutons pas que les annuelles luttes à mains plates contre les chinoiseries de l'orthographe nationale, par lesquelles il entraînait ses élèves à la conquête du Certificat d'études, n'aient été pour beaucoup dans son rapide avancement.

Après trois mois de ce surmenage étourdissant, les candidats, quelque peu ahuris, sont aptes à courir les chances de l'examen. Et en général, pour la plus grande gloire du maître et du procédé, ils sont tous reçus.

Il est à peu près certain que s'ils subissaient

six mois plus tard un contre examen, il y aurait
bien des déceptions.

Mais, voilà, le cap dangereux est doublé. L'école
et le maître maintiennent leur réputation, c'est
ce qu'il fallait démontrer.

Que six mois après il ne reste plus rien de
toute cette science soufflée comme une bulle de
savon et éphémère comme elle, l'Instituteur n'en
a cure : N'ont-ils pas leur Certificat d'études.

*
* *

La deuxième façon de procéder, tout en étant
aussi empirique, est de beaucoup préférable, car
elle a l'avantage de laisser aux candidats, lorsqu'ils quittent l'école muni ou non du Certificat
d'études, un bagage suffisant de connaissances
élémentaires, c'est celle dont nous nous servions
personnellement et nous en avons toujours tiré
d'excellents résultats. C'est pourquoi nous la pré-
conisons ici. Ce qui ne veut pas dire que les
Instituteurs qui trouveraient le procédé exposé
précédemment plus à leur goût, ne devraient pas
l'employer. Nous ne faisons ici qu'indiquer nos
préférences, fidèle en somme au but que nous
nous sommes proposé : Rendre sa tâche facile à
l'Instituteur.

Voici en quoi consiste cette deuxième méthode :
à lâcher carrément l'emploi du temps et les pro-

grammes, non pas quelques mois avant l'Examen, mais aussitôt après la rentrée d'octobre.

L'examen du Certificat d'études primaires porte, vous ne l'ignorez pas, à l'exclusion des autres matières du programme : sur la Lecture, l'Écriture, la Langue française, et sur les éléments très succincts de l'Histoire et de la Géographie nationales ; parmi ces facultés, celles qui composent l'examen écrit sont seules assez difficiles, et un candidat, reçu après cet examen, peut se considérer comme reçu définitivement, car l'épreuve orale n'est presque jamais éliminatoire, et dans la grande majorité des cas elle est absolument dérisoire. A l'heure actuelle on interroge chacun des candidats pendant *quatre* ou *cinq* minutes sur toutes les parties du programme et l'examen oral est terminé.

Partant des principes énoncés plus haut, dans votre classe vous dirigez votre enseignement sur ces quatre matières principales exclusivement : Lecture, Écriture, Langue et Composition françaises, Histoire et Géographie ; et vous ne les enseignez que dans le rapport qu'elles peuvent avoir avec l'examen du Certificat d'études.

Escamotez les autres.

En procédant de cette manière, quand viendra le moment de l'examen, vous aurez des candidats réellement en état de le bien passer, n'ayant été victime d'aucun surmenage et qui emporteront

4.

de l'école un bagage très suffisant de connaissances élémentaires dont ils pourront tirer profit
plus tard.

De plus, en faisant converger dès la rentrée
des classes tous vos efforts ainsi que ceux de vos
élèves vers ce but à atteindre : le Certificat d'études, vous habituerez vos enfants à n'avoir pas
d'autre objectif; ils s'entraîneront mutuellement,
l'espoir d'arriver les stimulera et la classe se fera
sans fatigue pour vos candidats et surtout pour
vous, ce qui est le point capital, ne l'oubliez pas !

Ne nous parlez pas des objections que pourrait
vous faire votre Inspecteur, relativement aux
parties inutiles du programme que vous semble-
rez négliger, vos nombreux succès dans les examens se chargeront de vous défendre.

N'êtes-vous pas, par le nombre des élèves que
vous présentez aux examens du Certificat d'études primaires et que vous y faites recevoir, l'un
des meilleurs Instituteurs du canton, sinon le
premier; le maire de votre commune, les parents
de vos élèves, n'ont-ils pas la bouche pleine de
vos louanges.

Ne contribuez-vous pas, pour votre bonne part,
à maintenir la circonscription de votre Inspecteur à la hauteur des circonscriptions voisines;
peut-être, grâce à vos succès, est-elle la première
du département pour la moyenne de ses certificats.

Soyez sans crainte, allez de l'avant, il n'aura
pour vous que les compliments les plus flat-
teurs.

Vous serez de ceux dont vos collègues disent :
Un tel ? Oh ! il est très bien avec l'Inspecteur !

Est-ce que dans toutes les villes qui ont plusieurs écoles, il n'y en a pas toujours une qui est
justement renommée pour sa production intense
de Certificats d'études, production qui dépasse
dans des proportions considérables celle des
écoles rivales.

Croyez-vous que le Directeur de cette école
soit plus intelligent ! les Instituteurs-adjoints,
titulaires ou stagiaires, plus instruits et plus
capables que les Directeurs et les Instituteurs
des autres écoles ?

Non certes, ils ne sont pas plus malins là
qu'ailleurs. Mais le Directeur, roublard, a saisi
ce qu'on lui demandait à travers le trompe-l'œil
des programmes officiels.

Aussi, semblablement à certains établissements
privés, où l'on fabrique des bacheliers en trois
mois, établissements que les jeunes potaches
désignent sous l'expression pittoresque de : Fours
à bachots ; il a transformé son école en un vaste
four à Certificats d'études primaires. Et de la
dernière classe à la première, les parties ridi-
cules et inutiles du programme sont complètement mises au rancart ; l'enseignement qu'on y

donne n'a qu'une orientation unique : le Certificat d'études.

Viennent les examens, ce sont alors des chiffres formidables de reçus, des tant pour cent et des moyennes inatteintes par les écoles rivales.

L'école N***** devient célèbre dans toute la région.

L'Inspecteur primaire, hypnotisé par tant de succès, ne l'inspecte plus que pour la forme (il est vrai de dire qu'il n'inspecte guère ailleurs), et Directeur, Instituteurs-adjoints, Titulaires, Stagiaires ou Aspirants-stagiaires, maîtres et tranquilles chez eux, opèrent à leur guise et revolent d'année en année vers de nouveaux triomphes.

*
* *

Nous ne saurions terminer par un exemple plus typique ces quelques conseils très pratiques sur la préparation rationnelle au Certificat d'études primaires.

Il est certain qu'un jour viendra où l'on s'apercevra qu'à l'école on devrait surtout s'occuper de l'éducation et de l'instruction des enfants. Mais en attendant ces réformes, suivez le mouvement et *faites* des Certificats.

Des devoirs réciproques des Directeurs d'écoles et des Instituteurs-adjoints

DES DIRECTEURS

> Il n'y a pas de mauvais adjoints, il n'y a que de mauvais Directeurs.

> Tant vaut le Directeur, tant vaut l'adjoint.

> Aux qualités qu'on exige d'un adjoint, combien est-il de Directeurs capables d'être stagiaires ?

Il nous a paru utile de faire suivre l'Ecole sans fatigue d'un résumé succinct des devoirs réciproques des Directeurs et des Instituteurs-adjoints.

Nous sommes persuadés que les uns et les autres y trouveront à glaner quelques conseils qui leur seront profitables.

En principe il ne doit pas y avoir de mauvais adjoint. Car si ce dernier refuse d'accomplir sa tâche et de remplir ses devoirs professionnels, le Directeur peut toujours s'en séparer,

L'adjoint ne vaut que par son Directeur.
Lorsque l'adjoint débute il est jeune, sans expérience, absolument neuf dans le métier ; il incombe
donc au Directeur de le former, de le diriger et
de lui aplanir les difficultés qui surgissent toujours lors d'un premier début.

Le Directeur est en droit d'exiger beaucoup de
bonne volonté et de docilité de la part de son
adjoint. Mais il ne doit pas perdre de vue qu'il a
affaire à un jeune homme, presque un enfant, et
que par conséquent il doit faire, à son endroit,
montre d'une grande indulgence.

Faites-donc, vous, Directeur, largement la part
de son inexpérience, donnez-lui sans mesure tous
les conseils qui pourront l'aider dans l'accomplissement de sa tâche.

Lorsqu'il se trompera ou qu'il fera fausse
route, remettez-le dans le droit chemin, en lui
faisant sentir que vous ne le blâmez pas, mais que
vous n'avez en vue que son éducation professionnelle.

Lorsque vous aurez une observation à lui faire,
que ce ne soit jamais devant ses élèves, car vous
risqueriez de lui faire perdre tout ou partie de
son autorité sur ces derniers. Ne l'obligez jamais
à quitter la classe pour venir, dans votre cabinet,
recevoir vos observations. Lorsqu'il se représen-
tera devant ses élèves, ceux-ci avec la malice de
leur âge, s'apercevront bien à son air déconfit,

qu'une scène désagréable vient d'avoir lieu et
l'effet produit sera toujours déplorable. Votre rôle
n'est pas d'humilier votre adjoint devant les
enfants.

N'interrogez jamais les élèves sur la conduite
de votre adjoint dans sa classe, il vaut mieux
vous en rendre compte par vous-même. Lorsque
des parents d'enfants viendront réclamer contre
lui, défendez-le toujours quitte à lui faire, après,
vos observations. S'il s'est mis dans un mauvais
cas, employez-vous à lui sauver la mise.

Ne parlez jamais à votre adjoint que sur le ton
de la plus parfaite courtoisie, surtout en présence
des élèves, son autorité ne s'en accroîtrera que
davantage. Et n'oubliez jamais que si vous êtes,
vous, le supérieur et lui l'inférieur, vous êtes des
hommes tous deux et il importe avant tout que
vous vous traitiez mutuellement comme tels.

Ne lui imposez aucun travail, ni aucun service
supplémentaires en dehors de ceux fixés par le
règlement. S'il offre de vous aider dans vos travaux particuliers : mairie, arpentage, etc., et que
vous acceptiez, rétribuez son temps d'une manière convenable; agir autrement serait indélicat.
S'il existe, dans l'école, certains cours : Dessin,
musique, gymnastique, payés par la commune et
que vous chargiez l'adjoint de ces cours, remet-
tez-lui intégralement les indemnités qui y sont
affectées, sans aucune prélibation, car il serait en

droit de réclamer, non auprès de l'administration, qui fait toujours la sourde oreille, mais par la voie des journaux, ce qui est plus radical.

Si vous jouissez dans votre commune de certaines faveurs : chauffage, éclairage, etc., ne craignez pas d'en faire profiter votre adjoint, car vous savez combien il est peu payé. Alors que vous aurez dans votre classe un feu à rôtir un sanglier domestique, ne le laissez pas se geler dans la sienne.

Nous savons que beaucoup de Directeurs sont obligés de calculer les petits bénéfices qu'ils pourront réaliser sur le chauffage, l'éclairage, les fournitures scolaires, etc., pour arriver à se faire un traitement raisonnable. Nous voudrions les voir mieux payés et non obligés d'escompter la gratte comme de vulgaires fourriers.

Vous envoyez tous les trois mois des notes secrètes à l'Inspecteur sur votre adjoint, ces rapports secrets sont peu de nos mœurs, nous croyons qu'il serait plus digne de lui donner connaissance du rapport que vous faites sur son compte. Si les notes qu'il contient sont bonnes, ce sera pour lui un encouragement, si elles sont mauvaises, il saura à quoi s'en tenir et ne pourra pas dire que vous l'avez pris en traître.

Si comme cela a lieu souvent vous nourrissez votre adjoint. Soignez-le comme vous voudriez voir traiter votre propre fils, s'il était chez des étrangers.

Vous ne devez compte des faits et gestes de votre adjoint qu'à vos supérieurs hiérarchiques, abstenez-vous de porter des jugements sur lui devant des tierces personnes.

L'insuffisance d'éducation est un des défauts des jeunes Instituteurs; ils subissent en cela l'influence du laisser-aller des mœurs de l'heure présente.

Qu'à votre contact et que sous l'influence de vos conseils paternels ils acquièrent ce qui leur manque de ce côté.

Rien n'empêche un modeste Instituteur d'être par sa tenue extérieure, son langage, ses manières, un parfait galant homme.

Vous avez, administrativement parlant, droit de vie et de mort sur votre adjoint, soyez généreux, ne le tuez que le plus rarement possible.

DES ADJOINTS

Notre ennemi c'est notre
maître.

LA FONTAINE.

Vous devez avoir pour votre Directeur la plus
grande déférence et ne jamais perdre de vue qu'il
est votre supérieur.

Vous devez écouter respectueusement ses conseils et ses observations, en tenir compte et être
rempli, à son égard, d'une bonne volonté agis-
sante.

Vous ne devez porter aucun jugement sur
sa conduite et encore moins rendre ce jugement
public. Tout ce que la vie en commun vous
apprendra de ses affaires personnelles, de son
ménage, etc., doit vous être sacré et vous ne devez jamais en parler à qui que ce soit.

Si votre Directeur a une fille, abstenez-vous de
lui faire la cour, à moins que vous ne voyiez
la possibilité d'un mariage et qu'avec l'assenti-
ment de votre famille, votre Directeur ne vous y
ait autorisé.

Si vous avez des farces à faire (on n'a pas
toujours vingt ans), éloignez-vous au moins de

trente kilomètres de votre résidence habituelle, et conservez dans l'endroit que vous aurez élu pour prendre vos ébats, le plus strict incognito.

Si votre Directeur vous fait une observation non méritée, et s'il vous fait cette observation devant vos élèves, gardez-vous de lui répondre impoliment ni d'engager aucune discussion, attendez la fin de la classe, et quand vous serez seul à seul expliquez-vous avec lui. Entre gens bien élevés et de bonne volonté, les différents s'arrangent toujours et n'ont pas d'autre suite.

Évitez quand vous parlez de votre Directeur de l'appeler le patron, le singe, ou de le désigner sous un qualificatif ou un surnom quelconque. Les enfants, toujours aux aguets, pourraient vous entendre, et ce n'est pas votre devoir de jeter la déconsidération sur votre chef.

Si vous ne vous accordiez pas avec votre Directeur, il est inutile de faire d'esclandre et de vous répandre au dehors en récriminations superflues. Demandez tout simplement votre changement.

Si votre Directeur vous imposait un travail supplémentaire, un service non prévu par les règlements, refusez carrément, mais prévenez aussitôt l'Inspecteur.

Votre Directeur n'a aucun contrôle à exercer sur vos opinions politiques et religieuses, n'entrez donc jamais en discussion avec lui à ce

sujet. Conservez simplement la correction extérieure à laquelle est tenu tout fonctionnaire.

On ne vit agréablement en société que par la
pratique d'une foule de demi-vertus, telles que la
politesse, la courtoisie, l'amabilité, la prévenance,
etc. ; ne craignez pas de vous mettre en frais de
ce côté. Néanmoins évitez d'être trop bien avec
votre Directeur, n'oubliez pas qu'il est votre supérieur, n'en faites jamais votre camarade. Vous
êtes adjoint au Directeur et non pas l'adjoint *du*
Directeur. Ces grandes amitiés ne durent jamais
longtemps. Ce sont feu de paille. Pendant la lune
de miel on se tapait sur le ventre, et quand rien
ne va plus on se taperait volontiers sur la figure.

TABLE DES MATIÈRES

Imprimerie E. Goussard, Melle (Deux-Sèvres).

344